新农村建设百问系列丛书

肉鸭健康养殖技术100问

江涛 李鹏 王家乡 等 编著

中国农业出版社

新农村建设百问系列丛书

编 委 会

主 任 谢红星

副主任 周从标　周思柱

编 委 （按姓氏笔画排列）

编著者：江涛　李鹏　王家乡　姚敏

让更多的果实"结"在田间地头

（代序）

长江大学校长　谢红星

众所周知，建设社会主义新农村是我国现代化进程中的重大历史任务。新农村建设对高等教育有着广泛且深刻的需求，作为科技创新的生力军、人才培养的摇篮，高校肩负着为社会服务的职责，而促进新农村建设是高校社会职能中一项艰巨而重大的职能。因此，促进新农村建设，高校责无旁贷，长江大学责无旁贷。

事实上，科技服务新农村建设是长江大学的优良传统。一直以来，长江大学都十分注重将科技成果带到田间地头，促进农业和产业的发展，带动农民致富。如黄鳝养殖关键技术的研究与推广、魔芋软腐病的防治，等等；同时，长江大学也在服务新农村建设中，发现和了解到农村、农民最真实的需求，进而找到研究项目和研究课题，更有针对性地开展研究。学校曾被科技部授予全国科技扶贫先进集体，被湖北省人民政府授予农业产业化先进单位，被评为湖北省高校为地方经济建设服务先进单位。

2012年，为进一步推进高校服务新农村建设，教育部和科技部启动了高等学校新农村发展研究院建设计划，旨在通过开展新农村发展研究院建设，大力推进校地、校所、校企、校农间的深度合作，探索建立以高校为依托、农科教相结合的综合服务模式，切实提高高等学校服务区域新农村建设的能力和水平。

2013 年，长江大学经湖北省教育厅批准成立新农村发展研究院。两年多来，新农村发展研究院坚定不移地以服务新农村建设为己任，围绕重点任务，发挥综合优势，突出农科特色，坚持开展农业科技推广、宏观战略研究和社会建设三个方面的服务，探索建立了以大学为依托、农科教相结合的新型综合服务模式。

两年间，新农村发展研究院积极参与华中农业高新技术产业开发区建设，在太湖管理区征购土地 127.1 公顷，规划建设长江大学农业科技创新园；启动了 49 个服务"三农"项目，建立了 17 个多形式的新农村建设服务基地，教会农业土专家 63 人，培养研究生 32 人，服务学生实习 1 200 人次；在农业技术培训上，依托农学院农业部创新人才培训基地，开办了 6 期培训班，共培训 1 500 人，农业技术专家实地指导 120 人次；开展新农村建设宏观战略研究 5 项，组织教师参加湖北电视台垄上频道、荆州电视台江汉风开展科技讲座 6 次；提供政策与法律咨询 500 人次，组织社会工作专业的师生开展丰富多彩的小组活动 10 次，关注、帮扶太湖留守儿童 200 人；组织医学院专家开展义务医疗服务 30 人次；组织大型科技文化行活动，100 名师生在太湖桃花村举办了"太湖美"文艺演出并开展了集中科技咨询服务活动。尤其是在这些服务活动中，师生都是

"自带干粮，上门服务"，赢得一致好评。

此次编撰的新农村建设百问系列丛书，是 16 个站点负责人和项目负责人在服务新农村实践中收集到的相关问题，并对这些问题给予的回答。这套丛书融知识性、资料性、实用性为一体，应该说是长江大学助力新农村建设的又一作为、又一成果。

我们深知，在社会主义新农村建设的伟大实践中，有许多重大的理论、政策问题需要研究，既有宏观问题，又有微观问题；既有经济问题，又有政治、文化、社会等问题。作为一所综合性大学，长江大学理应发挥其优势，在新农村建设的伟大实践中，努力打下属于自己的鲜明烙印，凸显长江大学的影响力和贡献力，通过我们的努力，让更多的果实"结"在田间地头。

2015 年 5 月 16 日

目 录

让更多的果实"结"在田间地头（代序）

一、我国肉鸭养殖的现状与特点 ················· 1

  1. 我国肉鸭养殖业的现状如何? ················· 1

  2. 我国目前肉鸭的饲养方式有哪些? ················· 4

  3. 什么是健康养鸭? ················· 4

二、我国养殖的优良肉鸭品种 ················· 6

  4. 鸭品种是如何分类的? ················· 6

  5. 为什么说饲养优良肉鸭品种能赚钱? ················· 7

  6. 我国目前养殖的优良肉鸭品种主要有哪些? ················· 7

  7. 我国目前养殖的优良肉蛋兼用型鸭品种主要有哪些? ········· 14

  8. 肉种鸭引种时应注意哪些事项? ················· 18

三、肉鸭场建设 ················· 21

  9. 选择鸭场场址应考虑哪些因素? ················· 21

  10. 鸭场规划布局在防疫上应注意哪些问题? ················· 22

  11. 在设计和建造鸭舍时有哪些要求? ················· 23

  12. 饲养肉鸭需要准备哪些设备和用具? ················· 24

四、肉鸭繁殖与孵化 ················· 25

  13. 如何提高肉鸭种蛋受精率? ················· 25

  14. 公、母肉种鸭最佳配种比例是多少? ················· 27

  15. 如何提高肉种鸭的产蛋率? ················· 28

16. 肉用种鸭常采用哪些配种方法？ …………………………… 31

17. 如何进行肉种鸭的选择与淘汰？ …………………………… 35

18. 如何选择合格肉鸭种蛋？ …………………………………… 35

19. 如何保存肉鸭种蛋？ ………………………………………… 36

20. 如何对肉鸭种蛋消毒？ ……………………………………… 38

21. 肉鸭种蛋孵化主要有哪些方法？ …………………………… 39

22. 肉鸭种蛋孵化对温度有何要求？ …………………………… 40

23. 肉鸭种蛋孵化对湿度有何要求？ …………………………… 41

24. 肉鸭种蛋孵化对通风换气有何要求？ ……………………… 42

25. 翻蛋、凉蛋、照蛋操作要点有哪些？ ……………………… 43

26. 如何提高肉鸭种蛋孵化率？ ………………………………… 46

五、肉鸭的饲养管理 ………………………………………… 49

27. 肉鸭有哪些生活习性？ ……………………………………… 49

28. 肉鸭饲养中怎样应用垫料？ ………………………………… 51

29. 什么是肉鸭网上平养技术？ ………………………………… 51

30. 常用哪些指标衡量肉鸭的生产性能？ ……………………… 52

31. 影响肉鸭生产性能的主要因素有哪些？ …………………… 53

32. 如何划分肉鸭的生长发育阶段？ …………………………… 54

33. 为什么饲养肉鸭要采用阶段饲养法？ ……………………… 55

34. 雏鸭饲养方式有哪些？ ……………………………………… 55

35. 运输雏鸭应注意哪些问题？ ………………………………… 56

36. 怎样做好进雏鸭前的准备工作？ …………………………… 57

37. 怎样挑选健康雏鸭？ ………………………………………… 58

38. 怎样辨别雏鸭雌雄？ ………………………………………… 58

39. 怎样做好雏鸭的第一次饮水和饲喂？ ……………………… 59

40. 怎样控制育雏温度？ ………………………………………… 60

41. 怎样控制育雏湿度？ ………………………………………… 61

42. 怎样控制育雏光照？ ………………………………………… 61

43. 如何判断肉鸭育雏期的饲养密度？ ………………………… 62

44. 为什么应及时为雏鸭提供清洁饮水？ ……………………… 63

45. 为什么说配合饲料是饲喂雏鸭的理想饲料？ ……………… 63

46. 应采取何种方法饲喂雏鸭？ ……………………… 64

47. 育雏期肉鸭在饲养管理过程中应注意哪些问题？ …… 65

48. 生长期肉鸭在饲养管理方面有哪些要求？ ………… 66

49. 如何对育肥期肉鸭进行饲养管理？ ………………… 67

50. 饲养肉鸭为何要坚决实行"全进全出"制度？ …… 68

51. 如何让肉鸭安全度夏？ ……………………………… 68

52. 如何让肉鸭平安过冬？ ……………………………… 70

53. 肉鸭填饲有何优点？ ………………………………… 72

54. 如何进行肉鸭的人工填饲？ ………………………… 72

55. 肉鸭人工填饲应注意哪些事项？ …………………… 73

56. 放牧肉鸭有哪些特点？ ……………………………… 74

57. 放牧肉鸭如何进行补料？ …………………………… 75

58. 放牧肉鸭时应注意哪些问题？ ……………………… 75

59. 放牧肉鸭什么季节育雏好？ ………………………… 76

60. 肉鸭饲养到什么时间出售最佳？ …………………… 77

61. 出售肉鸭时应注意哪些事项？ ……………………… 77

六、肉鸭的营养需要量 ……………………………… 79

62. 什么是肉鸭的营养需要量和饲养标准？ …………… 79

63. 碳水化合物对肉鸭有何营养作用？ ………………… 90

64. 脂肪对肉鸭有何营养作用？ ………………………… 91

65. 蛋白质和氨基酸对肉鸭有何营养作用？ …………… 92

66. 维生素对肉鸭有何营养作用？ ……………………… 94

67. 矿物质元素对肉鸭有何营养作用？ ………………… 98

68. 为什么说水对肉鸭十分重要？ ……………………… 101

七、肉鸭的饲料营养与饲料配制技术 …………… 103

69. 怎样看懂饲料标注的营养成分指标？ ……………… 103

70. 肉鸭养殖常用的能量饲料有哪些？ ………………… 103

71. 肉鸭养殖常用蛋白质饲料有哪些？ ………………… 105

72. 肉鸭养殖常用矿物质（常量元素）饲料有哪些？ …… 107

73. 我国允许使用的饲料添加剂有哪些？ ……………… 108

74. 我国禁止在畜禽饲料中使用的添加剂有哪些？ ……… 110

75. 如何辨别饲料品质的好坏？ ……………………… 110

76. 怎样选择适宜肉鸭的饲料？ ……………………… 112

77. 怎样贮存鸭饲料？ ………………………………… 113

78. 如何自己配制肉鸭饲料？ ………………………… 114

79. 肉鸭养殖如何节约饲料成本？ …………………… 116

八、肉鸭疾病防治 ……………………………………… 118

80. 鸭场及周边环境如何进行消毒？ ………………… 118

81. 肉鸭养殖场经常使用的消毒剂有哪些？ ………… 121

82. 怎样判别肉鸭是否患病？ ………………………… 125

83. 如何有效预防肉鸭传染病？ ……………………… 129

84. 怎样制定合理的肉鸭免疫程序？ ………………… 131

85. 接种疫苗应注意哪些问题？ ……………………… 132

86. 肉鸭发生传染病或重大疫情时应采取什么应急措施？ 133

87. 如何防控肉鸭发生高致病性禽流感？ …………… 133

88. 如何防治小鸭病毒性肝炎病？ …………………… 136

89. 如何预防鸭瘟的发生？ …………………………… 138

90. 如何防治肉鸭大肠杆菌病？ ……………………… 140

91. 如何防治肉鸭巴氏杆菌病？ ……………………… 142

92. 如何防治肉鸭传染性浆膜炎？ …………………… 144

93. 如何防治肉鸭慢性呼吸道病？ …………………… 146

94. 如何防治肉鸭曲霉菌病？ ………………………… 147

95. 如何防治肉鸭黄曲霉毒素中毒？ ………………… 148

96. 如何防治肉鸭球虫病？ …………………………… 149

97. 如何防治肉鸭维生素缺乏？ ……………………… 151

98. 如何防治肉鸭啄羽症？ …………………………… 157

99. 如何防治鸭喹乙醇中毒？ ………………………… 158

100. 如何科学使用兽药？ ……………………………… 159

一、我国肉鸭养殖的现状与特点

1. 我国肉鸭养殖业的现状如何？

中国是世界水禽第一生产与消费大国，我国鸭存栏、出栏以及鸭肉产量连续多年均列世界第一。据联合国粮农组织（FAO）的数据表明，2010 年我国鸭存栏 7.97 亿只，占世界存栏量的 65.98%；出栏 20.84 亿只，占世界出栏量的 76.87%；生产鸭肉 275.54 万吨，占世界鸭肉总产量的 69.45%。根据国家水禽产业体系经济学团队 2012 年的调研数据，我国 2012 年肉鸭出栏量约为 40 亿只，产值接近 800 亿元，肉鸭存栏量约占全国水禽总存栏量的 62%，肉鸭产业年产值约占水禽产业年总产值的 55%，肉鸭产业在整个水禽产业中具有举足轻重的地位，经济效益相当显著，且在改善农业生产结构、提高农民收入中也发挥着重要作用。

在国际贸易方面，中国依然是世界鸭肉产品第一出口大国，2011 年出口鸭肉制品 44 309 吨（包括白条冻鸭、分割冻鸭），出口额15 398.08万美元。

从全国生产区域的分布情况来看，我国肉鸭主要分布在华东肉鸭产业带（江苏、安徽、江西、山东），华南肉鸭产业带（广东、广西），西南肉鸭产业带（四川、重庆），华中肉鸭产业带（河南、湖北、湖南）。

不过，我国肉鸭产业的区域分布格局正在悄然改变，西进东移、北进南移趋势明显。根据 2010—2012 年我国肉鸭出栏量统计分析，超过 1.5 亿只的省份分别为山东、江苏、广东、河南、四川五省。从全国存栏量优势区域来看，2010—2012 年全国 21

省（自治区、直辖市）总存栏量分布情况中，肉鸭的养殖量在山东、江苏和广东三个省的比例都很高，山东和江苏连续三年都具有较高的肉鸭出栏规模，总量也远远高于其他省（自治区、直辖市）。我国肉鸭产业的存栏量优势区域基本上保持了平稳的发展规模，除了2012年江苏省发展规模迅速扩张以外，其他主产区肉鸭生产的规模比较稳定。其次，区域化生产格局比较明显。江苏、四川、山东、广西、广东等省份水域总面积大，具有发展肉鸭产业的良好资源禀赋，各地也逐步发挥了资源禀赋优势，发展了肉鸭产业，逐渐形成了"沿江环湖围海"的肉鸭优势产业带。

而湖北省虽然拥有广阔的自然水域，但肉鸭的饲养量在全国所占比重并不高，2010年、2011年和2012年分别占2.11%、1.84%和3.16%，没有很好地发挥资源禀赋优势和地区比较优势。例如，武汉及周边县市每年鸭产品消费量已达6 000万～7 000万只，但鸭源80%以上来源于山东、河南、河北、江西等省，可见本地有巨大的市场需求。

肉鸭及其制品具有高蛋白、低脂肪、低胆固醇等特点，随着人们食物结构的改变，这类产品的需要量越来越大，出口需求量也将大大增加。据统计，我国肉鸭饲养量平均每年以5%以上、屠宰量以3%以上的速度稳步增长，我国肉鸭养殖业步入了快速发展的良性循环。

近三十年来，我国通过在不同地区因地制宜地采取不同的发展措施，各种政策与不同养殖方式并存的方式来促进肉鸭产业的发展，促使我国肉鸭产业取得了显著的经济效益与社会效益，也使肉鸭产业提高了一个大的台阶，使肉鸭产业拥有着更大的机遇。但同时也存在着更大的挑战，主要问题表现为：

（1）传统肉鸭品种不能满足产业化生产的需要　我国传统肉鸭品种生产类型单一，难以满足不同消费人群和消费习惯的需求，市场竞争力遇到到较大障碍。例如，原始北京鸭品种遇到了前所未有的挑战。北京鸭系列品种为大体型肉鸭品种，在30日龄时体重已经达到 2.0～2.3 千克。但胸肉重仅有 40 克左右，胸肉率约 2.5％，充分表现出瘦肉率低的"整壳"特性，不能满足国内市场需要。北京鸭系列品种饲养期短，沉积脂肪能力强，皮脂率高，过肥，胸、腿肉率低，适宜制作烤鸭、烧鸭，不适宜制作成水鸭、板鸭、酱鸭、樟茶鸭等，开发不同用途的肉鸭新品种（系）迫在眉睫。

（2）传染性疫病对肉鸭产业健康发展构成了巨大威胁　水禽疫病的研究和防控体系还相当不完善。简陋的饲养条件、落后的饲养方式与缺乏免疫、隔离、消毒、监测、无害化处理等标准化管理制度，导致疫病防治的难度增大，一旦发生疫情，迅速传播流行，给我国的养鸭业造成重大的经济损失。据估计，我国每年肉鸭因疾病死亡造成的直接经济损失已经达到 18 亿元，因疾病引起的肉鸭生产性能下降、兽医卫生开支以及其他经济损失更难以估量。而近几年鸭瘟、鸭病毒性肝炎、传染性浆膜炎、大肠杆菌病等老的肉鸭传染病仍在流行；鸭副黏病毒病、鸭呼肠孤病毒病、鸭圆环病毒、鸭"脾坏死病"、番鸭"肝坏死病"等新的传染病不断出现，使得肉鸭疫病的防控形势更加严峻。

（3）养殖方式与技术落后　我国肉鸭集约化养殖与分散养殖 2 种方式并存，且小规模农户分散养殖占有较大比例，而具有规模、生产规范的工厂化养殖基地相对所占比例较小。散养的饲养方式设施简陋、环境差、技术落后、饲养密度大，出现人鸭混杂养殖状态，易导致传染病暴发，饲料报酬降低，严重阻碍肉鸭养殖业的快速健康发展。

（4）肉鸭饲料配制技术不能跟上产业快速发展的步伐　国内缺乏对肉鸭生理、生化、营养、饲养及饲料配制技术的系统研究，尚未制定肉鸭饲养标准；肉鸭饲料生产多根据经验或引用肉鸡、蛋鸡标准，或参考国外标准，缺乏规范性、科学性，易造成饲料浪费，并影响肉鸭的生产性能，降低了养殖的经济效益，制约了肉鸭产业的发展。

（5）养殖环节中存在的畜产品质量安全问题突出　在肉鸭的饲养和疫病防控中，违规使用激素、抗生素、饲料添加剂，饮用污染水源、饲喂农药污染饲料、霉变饲料、伪劣饲料，既可能导致畜禽慢性中毒，又使畜禽产品中有毒有害残留物超标，严重影响产品质量安全。

2. 我国目前肉鸭的饲养方式有哪些？

目前，我国的肉鸭养殖业存在多种饲养方式，主要有放牧饲养、全舍饲饲养和半舍饲饲养。

放牧饲养是我国肉鸭的传统饲养方式，包括草地散养、林地散养、稻田散养、湿地散养、浅水放养等。尽管放牧能够充分利用自然饲料资源和天然环境，节省精料、节约圈舍建设费用，降低了生产成本，但是饲养周期长。

舍饲饲养主要有网上平养、地面垫料平养、网上和地面结合饲养等方式。网上平养是一种新型的饲养方式，不设运动场、不设游泳池、不用垫料，全期在网上饲养，肉鸭在网上觅食、饮水和排泄，不受季节、气候、生态环境的影响，一年四季均可饲养。有利于卫生防疫和生态环境保护，也可减少传染病，省工省料，易管理，生长快，育肥性能好，经济效益和社会效益极为显著，适合各地尤其是无水或受水域限制和水域保护而不能放牧的地方推广应用。

3. 什么是健康养鸭？

健康养鸭是指根据肉鸭的生活习性、生理特点的要求，为肉鸭提供适宜的生长环境条件和营养供应。包括丰富的营养物质、优质的饲料、清洁的饮水、舒适的环境温度和湿度、新鲜的空气、充足的生活空间、安全的环境卫生、适当的疾病防治措施等，以保证肉鸭在生长过程中维持健康的体况。

健康养鸭需满足如下要求：

（1）设施规范　鸭舍和舍外运动场应位于地基较高的地方，利于排水。鸭舍内外不应存留污水、雨水。鸭舍应具有一定的保温防寒功能，冬暖夏凉，通风良好。鸭舍内地面、墙壁和舍外运动场地面应坚硬光滑，便于消毒。

（2）执行"全进全出"饲养制度　饲养同一品种的肉鸭，同批购进雏鸭，同批饲养，同时出栏。

（3）营养全面、均衡　按照肉鸭饲养标准，提供营养全面、均衡的高品质饲料，满足肉鸭不同生长发育时期的营养需求，保证肉鸭健康生长。

（4）清洁卫生　每日清扫鸭舍和鸭活动场所，定期消毒。将鸭的排泄物集中堆放，使其自然发酵熟化，成为有机肥。

（5）做好防疫　在消毒的基础上，应严格执行免疫程序，应保证每只肉鸭能够按时、保质、保量获得疫苗免疫保护，努力做到一只不漏。

二、我国养殖的优良肉鸭品种

4. 鸭品种是如何分类的？

我国是世界上养鸭历史最悠久的国家，鸭的品种资源丰富。可以按照不同依据进行分类。

（1）依据经济用途分类　分为肉用型、蛋用型、兼用型三种类型。北京鸭、樱桃谷鸭、瘤头鸭等鸭品种生长速度快、产肉性能强，属于肉鸭品种，这些鸭体重大，体型丰满，具有生长快、饲料报酬高、繁殖率高，适应性强等优点；金定鸭、绍兴鸭、山麻鸭、攸县麻鸭、卡基·康贝尔鸭、江南1号鸭、江南2号鸭、荆江麻鸭、中山麻鸭、恩施麻鸭等鸭品种产蛋性能强，属于蛋用型鸭品种，体型多为小型或中小型；建昌鸭、高邮鸭、大余鸭、巢湖鸭、沔阳麻鸭、昆山麻鸭、桂西鸭、微山麻鸭、四川麻鸭、云南鸭等鸭品种产蛋性能和产肉性能相对均衡，属于肉、蛋兼用型鸭品种。

（2）依据鸭体型或体重大小分类　分为大、中、小型三种类型。北京鸭、樱桃谷鸭、瘤头鸭属于大体型鸭品种，建昌鸭、高邮鸭属于中体型鸭品种，绍兴鸭、金定鸭、山麻鸭等属于小体型鸭品种。

（3）依据品种亲本起源分类　分为地方品种、培育品种和引进品种三种。绍兴鸭、金定鸭、攸县麻鸭、北京鸭等属于地方品种，Z型北京鸭配套系、南口1号北京鸭配套系、青壳1号绍兴鸭配套系、仙湖肉鸭配套系等属于培育品种，卡基·康贝尔鸭、瘤头鸭等属于引进品种。

5. 为什么说饲养优良肉鸭品种能赚钱？

优良肉鸭品种具有早期生长快、饲养周期短、全年批量生产，饲料转化率高、耐粗饲，繁殖力强、商品率高，肉品质好、风味独特，抗病力强、成活率高等优点。例如，经过初步选育后的北京鸭生长快速，6 周龄平均体重约为 2.9 千克，饲料转化率为 2.3∶1，而由中国农业科学院北京畜牧研究所经过 30 多年的艰苦努力培育的 Z 型北京鸭商品代肉鸭（2005 年 12 月通过国家新品种审定），早期生长速度更快，35 日龄肉鸭体重达到 2.92 千克，饲料转化率（饲料/增重）为 2.1∶1；42 日龄肉鸭的体重达到 3.25 千克，饲料转化率为 2.26∶1，胸肉率和腿肉率也明显提高。樱桃谷 SM3 系商品代肉鸭 6 周龄体重为 3.2 千克，饲料转化率为 2.02∶1，胸肉率和腿肉率更高。同样饲养管理条件下饲喂 6 周龄的肉鸭，樱桃谷肉鸭的优势明显强于北京鸭，也强于 Z 型北京鸭。由此可见，欲获得良好的经济效益应尽可能选择饲养优良肉鸭鸭品种。

6. 我国目前养殖的优良肉鸭品种主要有哪些？

（1）北京鸭　北京鸭是驰名世界的优良肉用鸭标准品种。具有生长发育快、育肥性能好的特点，是闻名中外的北京烤鸭的制作原料。因原产于北京西郊玉泉山一带而得名，已有近 300 年的饲养历史，现已遍布世界各地，在国际养鸭业中占有重要地位。

①体型外貌　北京鸭体形硕大丰满，挺拔美观。头较大，喙中等大小，眼大而明亮，颈粗、中等长，体躯长方，前部昂起，与地面约呈 30°角，背宽平，胸部丰满，胸骨长而直，两翅较小而紧附于体躯，尾短而上翘，公鸭有 4 根卷起的性羽。产蛋母鸭因输卵管发达而腹部丰满，显得后躯大于前躯，腿短粗，蹼宽

厚。全身羽毛丰满，羽色纯白并带有奶油光泽；喙、胫、蹼呈橙黄色或橘红色；虹彩蓝灰色。初生雏鸭绒羽金黄色，称为"鸭黄"，随日龄增加颜色逐渐变浅，至 28 日龄前后变成白色；至 60 日龄羽毛长齐，喙、嘴、腿、蹼呈橘红色。

②生产性能　平均体重：雏鸭初生体重约为 60 克，6 周龄为 2.9 千克，7 周龄为 3.3 千克。长期以来，北京鸭主要用于生产填鸭，生产程序分为幼雏鸭、中雏鸭和填鸭，幼雏鸭和中雏鸭饲养 7 周左右时间，以后再经填饲 10～15 天，使填鸭达到 2.75 千克左右的出售标准。屠宰率：北京鸭因两种肉鸭生产方式而屠体品质有所不同，其中填鸭的屠体脂肪率较高，瘦肉率低于未经填饲的肉鸭屠体。填鸭的半净膛屠宰率：公鸭为 80.6%，母鸭为 81.0%；全净膛屠宰率：公鸭为 73.8%，母鸭为 74.1%。胸肌和腿肌占净膛的比例分别为：公鸭 6.5% 和 11.6%，母鸭 7.8% 和 10.7%，胸、腿肌合计：公鸭为 18.0%，母鸭为 18.5%。来自选育群自由采食饲养的肉鸭，半净膛屠宰率：公鸭为 83.6%，母鸭为 82.2%；全净膛屠宰率：公鸭为 77.9%，母鸭为 76.5%；胸肌率：公鸭为 10.3%，母鸭为 11.9%；腿肌率：公鸭为 11.3%，母鸭为 10.3%；胸、腿合计：公鸭为 21.6%，母鸭为 22.8%。

北京鸭性成熟期为 150～180 日龄。年产蛋量为 180 个，蛋重为 90 克以上，蛋壳乳白色，蛋壳厚为 0.358 毫米，蛋壳强度为 4.9 千克/厘米^2，蛋形指数为 1.41。公、母配种比例多为 1∶5。种蛋受精率为 90% 以上，受精蛋孵化率为 80% 左右。成活率：1～28 日龄雏鸭成活率为 95% 以上。一般生产场每只母鸭可年生产（繁殖）80 只左右肉鸭或填鸭，育种场的每只母鸭年产肉鸭 100 只以上。

另外，北京鸭还具有较好的肥肝性能，是国内外生产肥肝的主要鸭种。

但是，国内北京鸭肉用性能尚低于国外先进水平，其中早期生产速度差距较大，其他如成活率、孵化率及胸肉率等也有一定差距。Z型北京鸭商品代肉鸭以三品系配套模式生产。其特点是生长速度快、饲料转化率高、肉质鲜嫩、胸腿肉率高、胸部丰满、皮肤细腻光滑、羽毛孔细小、头大、颈粗短、体躯椭圆。6周龄肉鸭全身羽毛丰满，羽色纯白。

商品代 35 日龄肉鸭的体重达到 2.92 千克，饲料转化率（饲料/增重）为 2.1∶1；42 日龄肉鸭的体重达到 3.22 千克，饲料转化率为 2.26∶1，42 日龄的胸肉率达到 11.0%，腿肉率达到 11.2%。父母代种鸭的开产日龄（5% 产蛋日龄）为 165 天，母鸭的开产体重为 3.10 千克，产蛋率 50% 的周龄为 26～27 周龄。种鸭 70 周龄的产蛋量约为 220 枚。种蛋的受精率为 87%～95%，受精蛋的孵化率为 85%～92%，入孵蛋的孵化率为 74%～82%，种蛋蛋重为 85～95 克。

（2）樱桃谷鸭 是英国林肯郡樱桃谷农场引进我国的北京鸭和埃里斯伯里鸭为亲本，杂交选育而成的配套系鸭品种，是世界著名的肉用型鸭品种。樱桃谷鸭目前已育有 9 个品系：白羽系 L2、L3、ML、S1 和 S2，杂色羽系 C13、CM1、CS1 和 CS3。在樱桃谷农场网站上，被称之为 "Pekin-ducks"。

樱桃谷鸭品种于 1873 年传到美国，之后又由美国传到英国，大约在 1888 年传到日本，1925 年传到苏联，迄今已远销 61 个国家和地区。由于具有生长快速、瘦肉率、净肉率高和饲料转化率高，适应性广，以及抗病力强等优点，深受畜牧界青睐和消费者欢迎，年交易额达 1 800 万英镑，1984 年荣获英国女王颁发的"出口成就奖"。

我国先后从该场引进 L2、SM 配套系种鸭。广东省于 1980 年引进 L2 商品代进行试养，次年引进 L2 父母代，1985 年四川省引进该场培育的 SM 超级肉鸭父母代，1992 年四川省绵阳市畜牧局又引进 SM 祖代种鸭，并与樱桃谷公司合资兴办"四川绵英种鸭有限公司"，建立了樱桃谷 SM 超级肉鸭祖代种鸭场，向国内提供父母代种鸭。

①体型外貌 樱桃谷肉鸭的外形与北京鸭大致相同，相比之下体躯要稍宽一些，体型显得更高大，肌肉更发达。鸭头大额宽，鼻梁较高，颈粗短，翅强健，紧贴躯干；背部长而宽，从肩到尾稍倾斜，胸部较宽深，肌肉发达，脚粗短；全身羽毛白色，个别鸭有零星黑色杂羽；喙呈橙黄色，少数呈肉红色；胫蹼呈橘红色。

②生产性能 樱桃谷肉鸭父母代成年公鸭体重 4～4.5 千克、母鸭 3.5～4 千克，SM 品系父母代种鸭 26 周龄开产，开产时体重 3.1 千克，每只母鸭 40 周产蛋量 220 枚左右，蛋重 80～85 克，蛋壳大多为白色、少数淡蓝色，产蛋 40 周每只母鸭可孵鸭苗 178 只左右。商品代肉鸭 49 日龄活重 3.3 千克，全净膛屠宰率 72.55%，饲料转化率 2.8：1，每只鸭产绒量约为 125 克。

白羽 L 系商品鸭 47 日龄体重 3.0 千克，饲料转化率 3：1，瘦肉率达 70%。SM3 系商品代肉鸭 42 日龄体重 3.2 千克，饲料转化率为 2.02：1。

种鸭性成熟期为 182 天，父母代年平均产蛋 210～220 枚，蛋重 75 克。英国樱桃谷公司培育出 SM 系超级肉鸭，其父母代母鸭 66 周龄产蛋 220 枚。

（3）奥白星鸭 是由法国奥白星公司采用品系配套方法，利用北京鸭培育的大型白羽商用肉鸭。具有体型大、生长快、早熟、易肥和屠宰率高等优点。1994 年我国四川成都雄峰农牧公司首次引进奥白星 53 型肉鸭，以后又引进奥白星 63 型肉鸭。

①体型外貌 雏鸭绒毛金黄色，随日龄增大而逐渐变浅，换羽后全身羽毛白色。喙、胫、蹼均为橙黄色或灰白色。成年鸭外貌特征与北京鸭相似，头大，颈粗，胸宽，胫粗短，体躯呈长方形，前胸突出，背宽平，胸骨长而直，躯体倾斜度小，几乎与地面平行。双翅较小，紧附于躯体两侧，尾羽短而翘。种公鸭尾部有 2～4 根向背部卷曲的性指羽，母鸭腹部丰满，腿粗短。

②生产性能 种鸭标准体重：公鸭为 2.95 千克，母鸭为 2.85 千克。种鸭性成熟期为 24～26 周龄，32 周龄进入产蛋高峰。公母配种比例为 1∶5，年平均产蛋量为 220 枚左右。商品代肉鸭，6 周龄体重 3.3 千克，7 周龄体重 3.7 千克，8 周龄体重 4.04 千克。饲料转化率：6 周龄为 2.3∶1，7 周龄为 2.5∶1，8 周龄为 2.75∶1。以体重 3.7 千克肉鸭为例，其全净膛率达 67.8%，胸、腿肉占胴体的 27.2%，腹壁层脂肪仅占活体重 1.44%。

（4）番鸭 又称瘤头鸭（因其头部两侧和脸部长有皮瘤，故得名）、麝鸭（因公鸭在繁殖季节散发出麝香气味，故得名）、呆头鸭（因其行动笨拙、胆大不怕人，故得名），是世界上优良的瘦肉型肉用鸭。它具有生长快、个体大、耐粗饲、适应性强、肉质鲜美、瘦肉率高等特点。原产于中美洲和南美洲，经东南亚转入我国，在中国至少有 250 年以上的饲养历史，中华人民共和国成立以后，又从法国引进数批白色番鸭 R51 系和黑色番鸭 R31 系。番鸭在中国已经完全风土驯化，在浙江、江苏、台湾、福建、海南、广东、广西、湖南、湖北等地饲养，已成为养鸭业中一个重要鸭种。

①体型外貌 该鸭体形优美，头大、颈粗短，嘴、爪发达，体型前尖后窄、中间宽，如纺锤状，胸宽扁平，站立时体躯与地面平行；喙基部和头部两侧有红色皮瘤，不生长羽毛；腿短而粗壮，胸、腿肌肉很发达；翼羽矫健，长及尾部，能作短距离飞翔，尾羽长，向上微微翘起。公番鸭性成熟后发出"咝咝"低哑叫声。母番鸭在繁殖期间，会发生"唧唧"轻叫声，母鸭有的有就巢性。

番鸭羽毛颜色为白色、黑色和黑白花色三种，少数呈银灰色。羽色不同，体形外貌亦有一些差别。白番鸭的羽毛为白色，嘴甲粉红色，头部肉瘤鲜红肥厚，呈链状排列，虹彩浅灰色，脚橙黄，若头顶有一撮黑毛的，嘴甲、脚则带有黑点；黑番鸭的羽毛为黑色，带有墨绿色光泽，仅主翼羽或复翼羽中，常有少数的白羽，肉瘤颜色黑里透红，且较单薄，嘴角色红，有黑斑，虹彩浅黄色，脚多黑色；黑白花番鸭的羽毛黑白不等，常见的有背羽毛为黑色，颈下、翅羽和腹部带有数量不一的白色羽毛，还有全身黑色，间有白羽，嘴甲多为红色带有黑斑点，脚呈暗黄色。

②生产性能　成年公鸭体重为 3.00～3.50 千克，母鸭体重为 2.00～2.50 千克。在同样饲养管理条件下，公、母鸭生长速度相差很大。雏出壳后，饲养至 10 日龄，从体型、体重的大小即可区分出公与母。平均体重的绝对增长最大值是在 70 日龄之后。70 日龄后公鸭体重增长大大超过母鸭。160 日龄时，公鸭比母鸭约重 1.10 千克。在饲料中含有粗蛋白 16%～18%、代谢能 10.03～10.87 兆焦/千克的营养水平下测定，初生重为 47.60 克的雏鸭，公、母的体重 1 月龄时分别为 0.79 千克、0.78 千克，2 月龄进分别为 1.74 千克、1.51 千克，3 月龄时分别为 2.59 千克、1.80 千克，4 月龄分别为 2.93 千克、1.90 千克，5 月龄时分别为 3.25 千克、2.10 千克。5 月龄之后增重速度逐渐下降。屠宰率 89.5%，半净膛率 82.3%，全净膛率 75.1%，胸肌率 13.5%，腿肌率 11.5%。

母鸭平均开产日龄为 172.88 天，见蛋日龄为 153 天，开产后第一个产蛋周期最长，连产蛋数为 35～40 枚。以后每个产蛋周期连产蛋数可稳定在 13～15 枚；年产蛋 100～110 枚，最高个体可达 160 枚。平均蛋重 71.50 克，蛋形椭圆，蛋形指数为 1.39，蛋壳为玉白色。5～6 月龄性成熟，即可配种。公、母比例为 1：7～8 时，受精率为 90%～95%，配种季节过后，种公鸭体力衰弱，配种能力差，一般当年即行为淘汰，次年再选留新种公鸭。孵化率一般在 80%～85%，使用人工孵化，孵化率为 70%，孵化期 35 天。

骡鸭又称半番鸭，是用栖鸭属的公番鸭与河鸭属的母家鸭杂交产生的后代（属间杂种）。骡鸭克服了纯番鸭公、母体型悬殊，生长周期长的缺陷，表现出较强的杂交优势。具有耐粗易养、生活力强、生长快、体型大、肉质好、营养价值高、适合于填肥生产肥肝等特点。近年来，为适应不同市场需求，骡鸭在羽色选育上已形成了花羽、白羽为主的各类型品种。骡鸭在国内外的市场已逐步显示其优势，成为受到世界普遍重视的优质肉用型鸭。

如以公番鸭与母樱桃鸭、北京鸭、金定鸭等鸭品种进行二元、三元杂交，选育的半番鸭后代具有明显的杂交优势，可以克服不同肉鸭品种间的缺陷，集中优良性状，产生较好的经济效益。但因番鸭与其他家鸭分属于不同物种属，因而杂交时受精率较低，给大规模养殖增加了一定困难。

（5）狄高鸭 是澳大利亚狄高公司利用公北京鸭和北京鸭与爱斯勃雷鸭的杂交母鸭杂交而育成的大型配套系优良肉鸭。具有生长快、早熟易肥、体形硕大、屠宰率高等特点，性喜干爽，抗寒耐热，能在陆地上交配，适于丘陵地区旱地圈养或网养。该鸭于 20 世纪 80 年代引入我国。广东省华侨农场养有此鸭的父母代种鸭。1987 年广东省南海县种鸭场引进狄高鸭父母代，生产的商品代鸭反映良好。

①体型外貌 狄高鸭外形与北京鸭近似。雏鸭羽毛红黄色，脱换幼羽后，羽毛白色。头大稍长，颈粗，背长阔，胸宽，体躯稍长，胸肌丰满，尾稍翘起，性指羽 2～4 根，喙黄色，胫、蹼橘红色。

②生产性能 初生雏鸭体重 55 克左右，30 日龄体重 1 114 克，60 日龄体重 2 713 克。7 周龄商品代肉鸭体重 3.00 千克，肉料比 1：2.9～3；全净膛屠宰率（连头脚）79.76%～82.34%，半净膛屠宰率 92.86%～94.04%。胸肌重 273 克，腿肌重 352 克。该鸭性成熟期 182 天，33 周龄产蛋进入高峰期，产蛋率达 90% 以上。年产蛋量在 200～230 个，平均蛋重 88 克，蛋壳白色。公母配种比例 1：5～6，受精率 90% 以上，受精蛋孵化率 85% 左右。父母代每只母鸭可提供商品代雏鸭苗 160 只左右。

7. 我国目前养殖的优良肉蛋兼用型鸭品种主要有哪些?

我国幅员辽阔,地理、气候、生态条件各异,各地社会经济条件和对产品种类的要求也不尽相同,形成了许多各具特色的地方优良鸭品种,其中就有许多产蛋性能和产肉性能相对均衡、优良的肉、蛋兼用型鸭品种。

(1) 建昌鸭 是我国著名的肉蛋兼用型鸭种,具有体大、膘肥、油多、肉嫩、气香、味美等特点,还以生产大肥肝而闻名,故有"大肝鸭"的美称。主产于四川平凉山彝族自治州境内的安宁河流域的西昌、德昌、冕宁、米易和会理等县市。德昌古属建昌,因而得名建昌鸭。该鸭获颁国家地理标志产品(农产品地理标志)。

①体型外貌 建昌鸭体躯宽阔、头大、颈粗为其显著特征。公鸭头、颈上部羽毛墨绿色,具光泽,颈下部多有一白色颈圈;尾羽黑色,2~4 根性羽向背部卷曲。前胸和鞍羽红褐色;腹部羽毛银灰色;喙黄绿色,故称"绿头、红胸、银肚、青嘴公"。胫、蹼橘红色。母鸭以浅褐麻雀色居多,占 65%~70%。喙橙黄色。胫、蹼多数橘红色。建昌鸭中约有 15% 的白胸黑鸭,公、母鸭羽色相同,前胸白色,体羽乌黑色;喙、胫、蹼黑色。现已成功选育出黄麻鸭、褐麻鸭、白胸黑鸭及纯白鸭四个羽系。

②生产性能 初生雏鸭重 47 克,60 日龄重 1.34 千克。成年鸭体重:公鸭 2.40 千克左右,母鸭 2.03 千克左右。180 日龄屠宰率:半净膛,公鸭 79.0%,母鸭 81.4%;全净膛,公鸭 72.3%,母鸭 74.1%。母鸭开产日龄为 150~180 天,年产蛋 140~150 枚,蛋重 73 克,蛋壳以青色为主,占 60%~70%,蛋壳厚 0.39 毫米。公、母鸭配种比例为 1:28 时,种蛋受精率为 90% 左右,受精蛋孵化率为 90% 左右。

(2) 高邮鸭,又名高邮麻鸭,我国较大型的蛋肉兼用型地方优良品种，是全国三大名鸭之一，原产于江苏高邮而得名。高邮鸭善潜水、耐粗饲、适应性强、蛋头大、蛋质好。不仅生长快、肉质好、产蛋率高，而且因善产双黄蛋乃至三黄蛋而享誉海内外。高邮鸭先后获得国家地理标志产品（农产品地理标志）、全国农业标准化示范区产品、国家原产地域产品称号，并定为国家级畜禽遗传资源保护品种，进入国家水禽种质资源基因库。

①体型外貌　高邮鸭母鸭全身羽毛褐色，有黑色细小斑点，如麻雀羽；主翼羽蓝黑色；喙豆黑色；虹彩深褐色；胫、蹼灰褐色，爪黑色。公鸭体型较大，背阔肩宽，胸深躯长呈长方形。头颈上半段羽毛为深孔雀绿色，背、腰、胸为褐色芦花毛，臀部黑色，腹部白色。喙青绿色，趾、蹼均为橘红色，爪黑色。

②生产性能　成年公鸭体重 3～4 千克，母鸭 2.5～3 千克。母鸭 180～210 日龄开产，年产蛋 169 枚左右，蛋重 70～80 克，蛋壳呈白色或绿色。公、母鸭的比例为 1：25～33，受精率为 92%～94%，受精蛋孵化率为 85% 以上。高邮鸭耐粗杂食，觅食力强，适于放牧饲养，生长发育快、易肥、肉质好，在放牧条件下，一般 70 日龄体重可达 1.5 千克；若采用配合饲料，50 日龄平均体重达 1.78 千克。全净膛率和半净膛率分别为 70% 和 80% 左右，饲料转化率为 1.5：1。

（3）大余鸭　主产于江西省大余县，同时分布遍及周围的遂川、崇义、赣县、永新等赣西南各县及广东省南雄县。大余古称南安，以大余鸭腌制的南安板鸭，具有皮薄肉嫩、骨脆可嚼、腊味香浓等特点，在我国广东和东南亚地区久负盛名。

①体型外貌　体型中等偏大，头型稍粗，无白颈圈，喙青色，皮肤白色，胫、蹼青黄色。公鸭头、颈、背部羽毛红褐色，少数头部有墨绿色羽毛，翼有墨绿色镜羽。母鸭全身羽毛褐色，有较大的黑色雀斑，称"大粒麻"，翼有墨绿色镜羽。

②生产性能　初生雏鸭体重约为 42 克，90 日龄体重达 1.4～1.5 千克。成年公鸭体重约为 2.15 千克，母鸭体重约为

2.11 千克, 半净膛屠宰率公鸭为 84.1%, 母鸭为 84.5%, 全净膛屠宰率公鸭为 74.9%, 母鸭为 75.3%。母鸭开产日龄 180～200 天, 年平均产蛋量为 180～220 个, 蛋重 70 克, 蛋壳呈白色, 厚度为 0.52 毫米。公、母配种比例为 1：10, 种蛋受精率81%～91%, 受精蛋孵化率 92% 以上。

(4) 巢湖鸭　属蛋肉兼用的中型麻鸭品种, 原产于安徽省中部、巢湖周围的庐江县、巢县、无为县、肥西县、肥东县、舒城县、含山县等地, 是巢湖地区劳动人民经过长期人工选育和自然驯化而形成的优良地方品种, 具有野外放牧、觅食力强、适应性广、耐粗饲、潜水深、抗病力强等特点, 已有 200 多年的饲养历史。

①体型外貌　体型中等大小, 颈细长, 喙豆黑色, 虹彩赭色, 体躯呈长方形, 匀称紧凑, 体躯发育良好, 两腿结实有力。公鸭喙橘黄色, 颈羽上半段为深孔雀绿色且具光泽, 下半段灰褐色, 主翼羽灰黑色, 背羽前半部灰褐色, 后半部瓦灰色, 腹羽浅褐色裆部粉白色, 性羽灰黑色, 尾羽灰色, 尾梢白麻色, 镜羽墨绿色有光泽, 胸羽浅褐色, 呈现"绿头粉裆"; 母鸭喙黄绿色或黄褐色, 喙边淡黄色眼眶上有半月状白眉或浅黄眉, 颈羽麻黄色, 主翼羽灰黑色, 背羽麻黄色, 腹羽浅麻色, 性羽灰黑色, 尾羽麻黄色, 镜羽墨绿色有光泽, 胸羽浅麻色, 呈现"浅麻细花"; 雏鸭全身黄色, 尾羽黄中带乌。

②生产性能　雏鸭初生重 48～50 克, 30 日龄平均体重820～832 克, 60 日龄平均体重 1 850～1 864 克, 70 日龄平均体重 2 083～2 093 克, 180 日龄公鸭平均体重为 2 750～2 850 克, 母鸭为 2450～2550 克。

屠宰率测定 (100 日龄放牧饲养): 屠宰率公鸭和母鸭分别为 89.8% 和 88.6%, 全净膛率公鸭和母鸭分别为 70.9% 和71.6%, 半净膛率公、母鸭分别为 80.1% 和 84.1%, 胸肌和腿肌重量分别为 163 克和 158 克。母鸭开产日龄为 150～180 天,年产蛋量 160～180 个，平均蛋重 70 克，蛋壳有白色、青色 2 种（白色占 87％）。公、母配种比例早春 1：25，清明后 1：33，公鸭利用年限 1 年，母鸭 3～4 年，种蛋受精率 92％～95％，受精蛋孵化率 90％～95％。

（5）沔阳麻鸭　原产地及中心产区为湖北省仙桃市（原沔阳县）的沙湖、杨林尾、西流河、彭场等乡镇，分布于省内天门、汉川、洪湖、荆门以及武汉市蔡甸区、汉南区等地。1960 年开始，仙桃市畜禽良种场引进体大、身长、蛋大的高邮鸭为父本，与当地体小、善牧、蛋多的荆江鸭进行杂交改良，显示出较好的杂交优势。杂交后代自群繁殖 3 年后，又于 1966 年再次引进高邮鸭与杂交一代母鸭进行杂交，经过长期定向选育，逐渐育成了体大、蛋重大于荆江鸭的新品种。1974 年湖北省组织有关单位制订品种标准时，命名为沔阳麻鸭。

①体型外貌　鸭体型中等大小，体躯呈长方形，背宽胸深，喙豆呈黑色，胫、蹼呈橘黄色，皮肤呈淡黄色。公鸭喙呈青黄色，头颈上半部和主翼羽为孔雀绿色，有金属光泽，颈下半部和背腰部羽毛为棕褐色，胸腹部羽毛和副主翼羽为白色，尾部羽毛为黑色；母鸭喙呈铁灰色，全身羽毛均为麻色，但有深麻和浅麻两种，以浅麻居多，主翼羽呈青黑色；雏鸭绒毛为乌灰色，头顶至颈背部有一条深色的羽毛带。

②生产性能　雏鸭平均初生体重为 48 克，7 周龄体重为 791克，13 周龄鸭体重达到 1.45 千克左右，屠宰率公鸭和母鸭分别为 89.4％和 91.6％，全净膛率公鸭和母鸭分别为 66.5％和64.3％，半净膛率公母鸭分别为 76.9％和 75.6％，胸肌率公鸭和母鸭分别为 13.1％和 12.7％，腿肌率公鸭和母鸭分别为12.5％和和 13.3％。

母鸭开产日龄为 140～150 天，年产蛋数 163～250 个，平均蛋重 60 克，蛋壳厚度 0.32 毫米，蛋壳颜色分为青色（85％）和白色（15％）。公、母鸭配种比例为 1：20～25，平均受精率为 93％，平均受精蛋孵化率为 88%。公鸭习惯于利用一年后即全部淘汰，母鸭第 2～3 年产蛋量最高、蛋重最大，一般利用 4～5 年。

（6）昆山麻鸭　又称昆山大麻鸭，是昆山麻鸭原种场与江苏省家禽科学研究所、昆山市畜牧兽医站利用当地娄门鸭母鸭和北京鸭公鸭杂交改良选育而成，属肉蛋兼用型鸭品种。该品种鸭具有体型大、生长快、肉味美、耐粗饲，觅食力、抗病力与适应性强等优点，在我国南方和北方都能饲养，目前除在江苏省广泛饲养外，福建、湖南、湖北、浙江、安徽、吉林和黑龙江等十几个省都相继引种饲养，备受市场欢迎。

①体型外貌　体型较大，似父本北京鸭，头大颈粗，体躯长方形，宽而且深，羽毛似母本娄门鸭，喙青绿色，胫、蹼橘红色，爪肉色。公鸭头颈部羽色墨绿，有光泽，体躯背部和尾部黑褐色，体侧灰褐色有芦花纹，腹部白色，翼部镜羽墨绿色；母鸭全身羽色深褐，缀黑色雀斑，眼上方有白眉，翼部有墨绿色镜羽。

②生产性能　初生雏鸭平均体重 45 克，30 日龄平均体重 0.9 千克，50 日龄平均体重 2 千克。成年公鸭 3.5 千克，母鸭 2.5 千克。屠宰率公鸭和母鸭分别为 86.3% 和 87.4%，全净膛率公鸭和母鸭分别为 67.6% 和 69.5%，半净膛率公母鸭分别为 76.7% 和 78.2%，胸肌率公鸭和母鸭分别为 7.9% 和 9.1%，腿肌率公鸭和母鸭分别为 12.2% 和 11.2%。

昆山大麻鸭在限制饲养条件下，50% 母鸭开产日龄为 189 日龄母鸭，年产蛋 140～160 枚，蛋重约 79 克，蛋壳多为米色，少数为青色。公母比例为 1∶10 时，种蛋受精率 88.6%，受精蛋孵化率 90.6%。

8. 肉种鸭引种时应注意哪些事项？

将优良品种从甲地引入到乙地进行繁殖、饲养，是畜牧生产中经常性的工作，但生产中常常因引种而出现品种的不适应，或所引品种生产力不能达到原品种的生产标准，或引进个体出现死亡，或引发疫病的流行，形成长期的疫源隐患，对养殖业形成巨大的威胁，有的甚至造成养殖者倾家荡产，造成重大的经济损失。为了保证肉鸭的高产、稳产、优质，保持其固有的优良性状，必须重视鸭种的选择。在引进肉鸭种时，应该注意以下问题：

（1）确定引进品种　应根据生产或育种工作的需要；考虑当地条件（如水面面积、场地等），决定养鸭方式，是以放牧为主，还是以圈养为主；调查当地市场对肉鸭产品的消费习惯和需求量大小；选定引进品种应能适应当地的气候及环境条件等，决定饲养哪种经济类型的肉鸭品种。尽量引进国内已扩大繁育的优良品种，也可考虑使用引进的良种肉鸭和当地鸭杂交，国内经研究证实以下杂交组合的效果较好：绍鸭×卡基·康贝尔鸭正反交；四川麻鸭（母）×北京鸭（公）、四川麻鸭（母）×狄高鸭（公）、四川麻鸭（母）×建昌鸭（公）、番鸭（公）×家鸭（母）、高邮鸭（母）×北京鸭（公）、高邮鸭×樱桃谷鸭（公）等。

（2）做好引种前的准备　准备远离鸭群饲养地的隔离舍，并进行彻底的检修、清扫、消毒处理，保证干净卫生；备好营养充足、新鲜的饲料及相应的疫苗、药物；培训饲养管理人员，特别是专业技术人员；对调运鸭种的车辆做好清洗，并严格消毒；了解引入品种的生产性能、饲料营养需求、饲养管理等技术资料。

（3）引种渠道应正规　为确保鸭苗质量，必须从正规的种鸭场引种。查看种鸭场是否具有相关职能部门颁发的《动物防疫合格证》《种畜禽（动物）生产经营许可证》等法定售种畜禽资格证照等，同时种鸭场应有较高的生产管理水平、优质的配套服务措施和较高的市场信誉度。

（4）报告登记和凭证运输　按相关规定办理《产地检疫证明》《出县境动物运输检疫证明》《动物及其产品运载工具消毒证

明》《重大动物疫病无疫区证明》，并对运输的动物佩带免疫标识。

（5）种鸭的挑选和引进　选择本品种特征明显的种鸭，应查阅所引品种的生产水平档案资料，至少查阅 3 代的档案；同品种的动物应是生产性能高的品系，做到系谱清晰，遗传性能稳定，血统纯正；挑选体质健康、发育正常、无遗传疾病、未成年的幼鸭。

（6）严格免疫检疫　种鸭场必须是按动物疫病免疫程序进行程序化免疫，且挂有免疫标识，提供免疫档案和相关资料；引进的鸭苗回到饲养地时必须隔离饲养至少 20～30 天，经观察确认无疫病后方能入场。

（7）安排引种季节与运输　引种最好选择在两地气候差别不大的季节进行，以便使引入个体逐渐适应气候的变化。从寒冷地带向热带地区引种，以秋季引种最好，而从热带地区向寒冷地区引种则以春末夏初引种最适宜，并做好运输途中的降温或保暖工作。避开疫区，尽量缩短运输时间。如运输时间过长，就要做好途中饮水、喂食的准备，以减少途中损失。

（8）其他　种鸭苗在运输途中一旦发现传染病或可疑传染病，应向就近的动物防疫监督机构报告，并采取紧急措施；在运输途中病死的动物不得随意抛弃，应在当地动物防疫监督机构的监督下，按有关要求和规定处理；种鸭场应提供所引鸭苗 3～5 天的喂养饲料，便于回饲养场地后饲料逐渐过渡，以适应新的饲养环境，防止发病；到场后先饮水后喂食等。

三、肉鸭场建设

9. 选择鸭场场址应考虑哪些因素？

鸭场是鸭群生长发育、交配繁殖的场所，场地的好坏直接影响鸭群生长发育和生产性能的发挥，也影响饲养管理工作和经济效益，所以选择鸭场场址要进行周密的考虑，应根据鸭舍的性质、自然条件、当地发展规划及土地利用规划等因素进行综合分析后确定鸭场场址。

（1）水源充足，水质良好　鸭属于水禽，日常生活离不开水，如洗浴、交尾配种需要水，每天还要饮用大量的水，鸭舍和用具的洗涤等，每天更需要大量的水。

鸭场的用水以夏季最大耗水量为标准来计算，洗浴用水量每只鸭每天平均需要 8～10 千克。鸭舍最好修建在河流、湖泊、池塘附近，以流动水为好，水深为 1～2 米。水源应无污染，鸭场周围 3 千米内无化工厂、矿厂、农药厂，1 千米以内无屠宰场、肉产品加工厂、皮革厂或其他畜禽养殖场等污染源。同时鸭场距离干线公路、学校、医院、乡镇居民区、居民点等设施至少 1 千米以上，距离村庄至少 500 米以上。大型鸭场最好能自建深井，以保证用水的质量。

（2）地势高燥，排水良好　鸭舍应选择在地势较高、干燥、排水方便的场地建造，以免积水，最好略向水面倾斜，有 5°～10°的小坡，利于排水。场地与坡应用砖砌，以便鸭群上下。地面应平坦，以便于鸭群行走与便于清扫卫生。鸭场的土质不能太黏，以砂质土壤最适合，以便雨水迅速下渗。排水不良、易遭水淹的低洼地绝对不能建造鸭场。

（3）交通便利，电力充足　鸭场要求交通便利，应有公路、水路或铁路相通，便于运送产品和饲料，以降低运输费用，但距离主要交通要道至少要有 1 千米以上。电是现代养鸭不可缺少的动力，大型养鸭场除要求有电网线接入外，还必须自备发电设备，以备突然停电应急用。

（4）方向朝南，利于采光　鸭场朝向以坐北朝南为最佳，鸭舍应建在水源北面，将鸭滩和水上运动场建在鸭舍南面，使鸭舍的大门正对水上运动场，向南开放。这种朝向的鸭舍冬季采光吸热较好，夏季易于通风，又避免日晒，具有冬暖夏凉的特点，有利于鸭只的生长。生产实践表明，与朝南的鸭舍相比，用同样的方法养鸭，其他朝向鸭舍的鸭群饲料消耗多，死亡率升高，影响经济效益。

10. 鸭场规划布局在防疫上应注意哪些问题？

鸭场建筑布局应分为管理区、生产区、病鸭饲养与污物处理区，管理区主要包括职工宿舍、食堂等生活设施和办公用房；生产区主要包括更衣消毒室、鸭舍、蛋库、饲料仓库等生产性设施；病鸭饲养与污物处理区主要包括病鸭隔离舍、兽医室、腐尸池以及符合环保要求的粪污处理设施等。鸭场应依据饲养规模和占地面积大小，保证有一定的绿化面积。鸭场周围筑有围墙或防疫沟，并建有绿化隔离带。各功能区之间保持适当的距离，以进行严格执行各功能区相隔离的原则，场区、生产区、鸭舍门口设置脚踏消毒池和紫外线灯或其他消毒设施。人员、鸭和物品运输采取单一流向，防止相互污染和疫病传播。

应将职工生活和管理区设在全场的上风向和地势较高处，并与生产区保持一定的距离。生产区即饲养区是鸭场的核心，应将它设在全场的中心地带，位于管理区的下风向或与管理区的风向平行，而且要位于病鸭及污物管理区的上风向，不同日龄的鸭群之间还必须分成小区，鸭舍之间应保持一定的距离，有一定的隔离设施，以达到预防疫病传播。病鸭饲养与污物管理区应位于全场的下风向和地势最低处，与鸭舍要保持一定的卫生间距，最好还要设置隔离屏障。

11. 在设计和建造鸭舍时有哪些要求？

鸭舍建筑设计和建造的基本要求是冬暖夏凉、空气新鲜、光线充足、便于操作、易于清洁消毒、能防潮湿、防兽害、投资省、效果好。应根据当地实际条件与鸭舍的不同用途，因地制宜、就地取材、合理设计。养鸭场的鸭舍由育雏鸭舍、生长育肥鸭舍和种鸭舍等组成。应依据地形地貌和主风向选择朝向，一般选择南北向。通常鸭舍的宽度为8～10米，长度视需要而定。鸭舍之间的距离应在1.5倍鸭舍宽度以上，最好利用绿化带隔开。鸭舍的建筑材料应该选用无毒害、易于清洗和消毒的材料。鸭舍电器安装和使用应注意防潮、防爆。鸭舍的屋顶、外墙应保温隔热性能良好，尤其是育雏鸭舍。鸭舍内保证适宜光照，可采用自然光和灯光照明。鸭舍内保证一定数量和大小的窗户，保证采光和通风换气，必要时可安装排气扇。鸭舍内墙壁和地面应光滑、坚硬、不透水，易于清扫消毒，最好采用水泥地面。应设置排水清粪设施，以防潮排污。

育雏鸭舍要求较高的保温隔热性能，一般屋顶应有隔热层，墙壁应厚实，寒冷地区北窗应用双层玻璃窗，室内应安装加温设备，并有稳定的电源；同时，育雏鸭舍采光要充分，通风换气良好。地面要坚实、干燥，且利于排水。窗上要装铁丝网，以防鼠害。

生长育肥鸭舍的建筑结构与育雏鸭舍类似，总体要求低于育雏鸭舍，但应保证良好的通风换气。

种鸭舍分舍内和运动场两部分。成年鸭怕热不怕冷，圈舍内只要能关拦鸭群，挡风遮雨即可，既通风透气，又节约建筑材料。舍内周围设置产蛋箱。运动场尽可能大些，应有一定坡度，便于清洁打扫，保持圈舍干燥。运动场也以水泥地面为好。

12. 饲养肉鸭需要准备哪些设备和用具？

（1）喂料　肉鸭常用喂料工具可使用全自动喂料系统，如果采用人工喂料，常用喂料设备主要有料盘（主要用于饲喂刚出壳雏鸭）、料桶和料槽（主要用于饲喂不同大小的各生长阶段的肉鸭）。还可根据市场或客户要求，购置肉鸭填饲所用填料机（手压式填鸭机或电动填鸭机）。

（2）饮水　肉鸭常用饮水工具主要采用塑料塔式真空饮水器或者用 PVC 管（水泥）自制饮水槽。应根据肉鸭体型大小选择相应型号的饮水器，避免饮水器过大而容易让鸭只在其中嬉水或过小导致鸭只饮水困难。最好采用全自动乳头饮水器，自动调控水量，可节约用水，保持鸭体和环境干净、卫生。

（3）温度调节　供暖设备有电热育雏伞、电热管、电热板、红外线灯泡、煤炉等，也可自建烟道升温，以蜂窝煤炉升温供暖，较经济、操作也方便，但应注意必须套上铁皮烟囱把煤气排出室外，绝不能漏气，以防人、鸭煤气中毒。通风降温设备通常为风机、喷雾降温系统、湿帘降温系统等。

（4）其他　铁锹、水桶、喂料车、温度计、湿度计等。

四、肉鸭繁殖与孵化

13. 如何提高肉鸭种蛋受精率？

（1）合理选择与淘汰种鸭　分别在育雏期、育成期和产蛋期对公、母种鸭进行选择与淘汰。种公鸭选择体格发育良好、体质健壮、活泼灵活、体型好、羽毛丰满、双脚强壮有力、雄性特征明显、性欲强、精子品质好的留作种用；母鸭则选择体重大小中等、生长发育良好、体质健壮、胸宽腹平、泄殖腔湿润松软、产蛋率高、蛋品质优的留作种用。

（2）配种年龄、利用年限与比例　一般来说，种公鸭的配种年龄不早于 120 日龄，利用年限为 1 年，体质健壮、精力旺盛、受精率高的公鸭可适当延长使用时间。种母鸭的利用年限以 1 个产蛋年最为理想，不超过 2 年。肉用型鸭 1∶4～8（北京鸭 1∶5～6，樱桃谷肉鸭 1∶4～5，瘤头鸭 1∶5～8），兼用型鸭 1∶15～20。

（3）配种方法　适宜肉鸭的配种方法有多种，如自然法配种法（包括大群配种、小间配种）和人工授精法，种鸭养殖场（户）可根据自己的生产实际情况进行选择。特别需注意的是将那些没有配偶、未受配的母鸭挑出来，放在平地上，用手抓牢，同时引逗公鸭接近并交配及采用人工授精方法提高种蛋受精率。

（4）适当水面　公、母鸭喜欢在水面嬉戏、求偶，公鸭的兴奋性明显提高，交配欲望增强，容易交配成功。因此，规模化肉种鸭场的产蛋鸭舍应设有适当的水面活动场，可提高种蛋受精率。但应做好水池净化（有条件可进行鱼鸭混养）、换水工作，以及保证鸭场有足量的清洁饮水。但应注意是刚开产的种鸭初春在水中交配，由于水温低易导致公鸭阴茎脱出（"掉鞭"）。

（5）控制鸭群的大小　种鸭群太小，对房舍的利用不经济，群体过大也不利于提高种蛋受精率。因此，种鸭群应保持一个适当大小的群体，一般以 200～300 只为宜。公、母鸭组配组群应早，在育成阶段就组配好，组配后不应轻易打乱。

（6）科学饲喂　通过限制饲喂控制鸭群体重，使育成鸭的体成熟与性成熟同步到达，适时开产。种鸭饲料蛋白质水平较高，尤其是蛋氨酸、赖氨酸和色氨酸等必需氨基酸应满足需要并保持平衡，有利于提高种蛋受精率和孵化率。在母鸭开产前 1 个月左右应增加喂料量。放牧型种鸭收牧回家后要喂饱，使母鸭能饱食过夜，有利于提高种蛋品质。

（7）加强种鸭的日常管理　为种鸭提供清洁、干燥、安静的环境，垫料必须干燥清洁；产蛋后及时收集种蛋，避免种蛋受潮、受晒或被粪便污染。公鸭在清晨和傍晚的交配次数最多，应早放鸭、迟关鸭，增加舍外活动时间，延长下水活动时间。放牧型种鸭开产后，放牧时不要急赶、惊吓，不能走陡坡陡坎，以防母鸭受伤造成难产。产蛋期种鸭通过前期的调教饲养形成放牧、采食、休息等生活规律，应保持相对稳定，不宜经常更改。夏季高温会引起种鸭强烈的应激反应，使种鸭的采食量下降，营养物质摄入不足，导致鸭血钙下降，严重者影响蛋壳的形成，导致蛋壳质量变差和产蛋量下降，种鸭交配次数也减少，加之公鸭精液品质下降，致使种蛋受精率和孵化率降低，因此，夏季天气炎热时应做好种鸭的防暑降温工作。

（8）疾病防治　提高疾病预防意识，严格执行种鸭的免疫接种程序和疫病防治制度，合理投放预防用药，治病时对症下药；日常管理中应注意观察鸭群，发现有异常者及时隔离、诊断并予以治疗，确定会影响产蛋及受精率者坚决淘汰；重点做好公鸭的"掉鞭"、母鸭的输卵管炎症、种鸭腿部疾病等的防治工作。合理用药，严格控制用法和剂量，减少药物残留与不良反应，避免使用可能对生殖系统发育或种蛋受精有影响的药物。

14. 公、母肉种鸭最佳配种比例是多少?

适宜的肉种鸭公母比例不仅可以有效地提高种蛋的受精率,还可以节约饲养公鸭的成本。

(1)鸭的配种性比随品种类型不同差异较大,可参照下列比例组群,同时可根据实际受精率高低进行适当调整。肉用型鸭:1:4～8。例如,北京鸭:1:5～6,樱桃谷超级肉鸭:1:4～5,瘤头鸭:1:5～8,兼用型鸭:1:15～20。种鸭群中公、母的适当比例对种蛋受精率有直接的影响。如果公鸭过多,则会相互争斗,出现争配抢配现象,容易伤害母鸭,同时母鸭接受过多公鸭爬跨后,不愿接受交配,还会使鸭群骚动不安,干扰正常配种,影响产蛋量和种蛋受精率,也大量消耗饲料。如果公鸭过少,会使公鸭消耗太大,受精率也会降低,还会缩短种公鸭的使用年限。

(2)公、母鸭配种比例除因品种类型而异之外,尚受以下因素的影响。早春、深秋季节,气候寒冷公鸭性活动降低,公鸭数量应提高约2%。在良好的饲养管理条件下,特别放牧鸭群能获得丰富的动物性饲料,公鸭的数量可适当减少些;在肉用型鸭中,公鸭体重太大过肥往往造成受精率低。一年龄公鸭性欲旺盛,公鸭数量适当减少。繁殖季节到来之前一个月,应公、母鸭合群,以便公、母鸭公母鸭相互熟悉,提高受精率。合群时,公鸭的比例可稍高些,以后调整为正常比例。

(3)在实践中,还应经常观察配种情况,如公鸭互相争夺配偶,影响交配,表明公鸭过多,应适当减少;如公鸭追逐母鸭配种而无互相争夺现象,表明公鸭数量适当;如母鸭追逐公鸭,则表明公鸭不足或性欲不旺,应及时补足。

(4)在种蛋孵化前,还应对种蛋进行受精率检验,以便纠正不恰当的配偶比例。方法是，随机抽取 10 个蛋，将受检的鸭蛋打开，观察附在蛋黄表面的胚珠情况，胚珠为一圆形白点的，属无精蛋；胚珠较大，内层透明而边缘混浊的是受精蛋。优良的种蛋受精率应达到 95％以上。

15. 如何提高肉种鸭的产蛋率？

（1）严格选种　选择肉种鸭不仅要注重体型外貌，更要注重经济性状，应做到"六选"。一选品种：确定选养品种应从系谱资料、自身成绩、同胞成绩、后裔成绩等方面综合考虑，选择成绩好、适应性强的优良品种饲养。二选场家：应从有种畜禽生产许可证、技术力量强、防疫条件好的正规场家引种。三选种蛋：种蛋应来自健康高产的鸭群，蛋形、蛋重、蛋壳颜色符合品种要求，保存时间在 7 天以内，夏季在 5 天以内。四选雏鸭：选择毛色和活重符合品种要求且健壮的雏鸭留种，淘汰弱雏、残雏和变种。五选青年鸭：选择标准一看生长发育水平，二看体型外貌，将不符合品种要求的个体淘汰。六选成年鸭：一般在开产前进行，选择体质健壮、体型标准、毛色纯正、生殖器官发育良好的个体留种。

（2）培育健壮雏鸭，确保各周体重适时达标　肉种鸭的育雏期一般为 3 周，为使各周龄体重适时达标，饲养管理上应特别注意以下几点：

①育雏温湿度　严格按照肉用型雏鸭育雏温、湿度要求提供适宜的温、湿度。育雏温度要前高后低，循序下降，切忌忽高忽低，温差过大。严防低温高湿对雏鸭造成不良影响的情况出现。

②供应营养浓度较高的日粮　肉用型雏鸭与蛋用型雏鸭相比，对饲料的营养水平要求高，一般能量高 0.2～0.3 兆焦/千克，粗蛋白高 2％～3％。因此育雏期要注意满足雏鸭的营养需要，以保证其正常的生长发育。

③适当降低饲养密度　低密度饲养是取得雏鸭生长一致性的关键措施之一，建议密度地面平养，第 1 周 15～20 只/米²，第 2 周 10～15 只/米²，第 3 周 7～10 只/米²；网上饲养为第 1 周龄为 25～30 只/米²，第 2 周龄为 15～25 只/米²，第 3 周龄为 10～15 只/米²。

④适当增加光照时间　育雏第 1 周适当增加光照时间有助于雏鸭的采食生长。其程序为 1 日龄 24 小时，2～3 日龄 23 小时，4～7 日龄 18～20 小时，2 周龄起每日减少 0.5 小时至与自然光照时间相同为止。

⑤抓好潮口、开食、开青　雏鸭一般出壳 24 小时左右开食，开食料要营养全面、适口性好、易消化并拌有保健药物，开食料多为五六成熟米饭；开食前 15～20 分钟应让雏鸭潮口，潮口的水要清洁卫生，最好加入多维葡萄糖；开青应在开食后，将南瓜、苜蓿等洗净切碎，单独饲喂。各种饲料的喂量应由少到多，逐渐增加，由少喂多餐过渡到定时定量。喂法上一般喂湿不喂干。

⑥适时放牧、放水　鸭属水禽，放牧、放水有助于增强雄鸭体质，提高雏鸭抵抗力和适应力。放牧、放水可同时进行，当雏鸭绒毛长出后育雏舍内外温度接近时即可进行。放牧、放水应选择晴暖无风的天气，夏季要避开炎热的中午，放牧前应先喂些精料，放牧时要严防兽害。放牧开始时路程要近，时间要短（每次 20 分钟左右），驱赶要慢，随年龄的增长再逐渐延长放牧时间。

（3）种鸭育成期要严格执行限制饲养　肉种鸭的育成期是指 4 周龄起至开产前的阶段。此期饲养的要点是对种鸭进行限制饲养，以控制生长速度，防止过多的脂肪沉积，以免影响将来的配种和产蛋。限制饲养不仅可节省饲料，降低生产成本，而且还能降低种鸭产蛋期的死淘率，提高种鸭的生产性能。对育成鸭实行限制饲养应做到"三结合、两准确、一充足、一测量、一淘汰、一分离"。

①三结合　一是限制饲养要与调整饲养相结合。对偏离体重标准的鸭群要及时进行调整饲养，调整原则为体重超过标准百分之几，供料量就减少百分之几，体重比标准低百分之几，供料量就增加百分之几。二是限制饲养要与光照控制相结合。育成期光照的时间和强度只能逐渐减少或维持，不能增加，以达到体成熟与性成熟同步发育。三是限制饲养结合放牧、放水进行。放牧、放水既能使育成鸭得到运动，又能节省部分精料，应准确把握。

②两准确　为确保限制饲养成功，对限制饲养的鸭群每周存栏数要清点准确，每次供料量要称量准确。要严格执行限喂计划，切勿见鸭子饥饿叫唤就补喂饲料，从而影响限饲效果。

③一测量　即定期称重。称重一般每 1~2 周 1 次，每次抽测数量占群体总数的 10% 左右，根据抽测的体重结果对照标准进行调整饲养。

④一充足　限制饲养时料槽、水槽供应充足，保证每只鸭都能同时吃上料、喝上水。

⑤一淘汰　限制饲养时对不适宜留种的鸭应挑出淘汰。

⑥一分离　限制饲养期间公母鸭应分开饲养。

（4）加强种鸭产蛋期的饲养管理

①科学饲养　产蛋初期（育成期末至 5% 产蛋率）应喂给产前料，喂料量每周增加 5~10 克/只，防止上料过快造成开产过早，影响种用性能。产蛋前期（5% 产蛋率至产蛋高峰）对于达标鸭群可直接使用高峰期饲料，喂料量应迅速增加，至产蛋高峰时达到最大喂料量（可采用试探性加料法确定最大喂料量），以促高产稳产。产蛋后期要随产蛋率下降情况控制喂料量，防止种鸭饲喂过肥，喂料量一般为高峰期最大喂料量的 85% 左右。检查营养是否满足种鸭的营养需要不能只看产蛋率，还应注意蛋重和体重的变化。只有产蛋率、蛋重和体重都能保持品种要求增长趋势的鸭群，才能维持长久的高产。

为提高种蛋的数量和质量，产蛋期种鸭的饲料营养要全面、均衡、稳定。一般粗蛋白 18%～19%，代谢能 11.5～11.7兆焦/千克，赖氨酸 0.8%～0.9%，蛋氨酸 0.5%，钙 3%～3.5%，磷 0.4%～0.5%。尤其要注意补充蛋白质、矿物质、维生素饲料，防止营养元素缺乏。

②强化管理　饮水应清洁、卫生、充足，水温 10～20℃。为提高种蛋受精率，自然交配时应增加放水次数和时间。一般从 18周龄开始补充光照，每周增加 0.5～1 小时，至 16 或 17 小时为止。

③保持鸭舍清洁卫生，干燥温暖，空气清新，做到冬暖夏凉，环境安静，减少应激发生。

④提供适宜的公、母比例　种鸭配种期适宜的公、母比例为自然交配 1∶4～5，人工授精 1∶10～20。每群以 200～300 只为宜。在生产中对不适宜留种的病、弱、残、次公鸭和母鸭要及时挑出淘汰。

⑤要配足产蛋箱，及时收集种蛋，加强种蛋的选择、消毒，防止种蛋损失或污染。

从采食量、饮水量、粪便和产蛋情况等方面加强检查鸭群，发现异常情况，及时采取措施补救。

16. 肉用种鸭常采用哪些配种方法？

肉鸭的配种方法可分为自然配种（大群配种、小间配种）和人工授精。

(1) 大群配种　将公、母鸭按一定比例合群饲养，群的大小视种鸭群规模和配种环境的面积而定，一般利用池塘、河湖等水面让鸭嬉戏交配。这种方法能使每只公鸭都有机会与母鸭自由组合交配，受精率较高，尤其是放牧的鸭群受精率更高，适用于繁殖生产群。但需注意，种公鸭的年龄和体质应相似，体质较差和年龄较大的种公鸭，没有竞配能力，不宜作大群配种用。宜在母鸭产蛋之前一个月左右，将公鸭放入母鸭群中混合饲养。

（2）小间配种　将每只公鸭及其所负责配种的母鸭单间饲养，使每只公鸭与规定的母鸭配种，每个饲养间设水栏，让鸭活动、交配。公鸭和母鸭均编上脚号，每只母鸭晚上在固定的产蛋窝产蛋，种蛋记上公鸭和母鸭脚号。这种方法能确知雏鸭的父母，适用于鸭的育种，是种鸭场常用的方法。

（3）人工授精　人工授精能增加种公鸭的配种量，扩大种禽的利用率，对公、母鸭体型大小相差悬殊的配种，采用人工授精可提高种蛋的受精率，增加养鸭场生产的经济效益。

①采精方法　有按摩法、电刺激法、台鸭诱情法及假阴道法几种，而按摩法常常被采用。

A. 按摩法　常用的是背腹式按摩采精法。操作方法是，术者坐在凳子上，将公鸭放在膝盖上，公鸭头伸向左臂下，助手位于采精员右侧保定公鸭双脚。采精员整个左手掌心向下紧贴公鸭背腰部，并向尾部方向抚摩，同时用右手手指握住泄殖腔环按摩揉捏，一般 8～10 秒钟。当阴茎即将勃起的瞬间，正进行按摩着的左手拇指和食指稍向泄殖腔背侧移动，泄殖腔上部轻轻挤压，阴茎即会勃起伸出，射精沟闭锁完全，精液会沿着射精沟从阴茎顶端快速射出。助手使用集精管（杯）收集精液。熟练的采精员操作过程约需 30 秒钟，并可单人进行操作。

B. 电刺激法　是用微电流刺激公鸭引起射精，主要用于瘤头鸭的采精。使用的主要仪器

是电刺激采精仪（电压 0～50 伏特，电流 0～100 毫安），采精时先将公鸭固定，仪器接近电源，正电极探针置于公鸭髂骨部的皮肤上，负极探针插入直肠 4 厘米，使用 40～80 毫安电流，30～50 伏电压，开关控制刺激时间。每次刺激 2～3 秒钟，重复 4～5 次，每次间隔 5 秒钟。当公鸭阴茎勃起后，用手挤压泄殖腔，使阴茎外翻射精。

C. 台禽诱情法　将母鸭固定于诱情台上（离地 10～15 厘米），将公鸭放出，凡经过调教的公鸭会立即爬跨台禽，当公鸭

进行自然交配时，采精员左手持集精杯挡住母鸭泄殖腔，让其自然交配，把阴茎导入集精杯内收集精液。有的公鸭爬跨后阴茎伸不出来时，可迅速按摩公鸭泄殖腔周围，使阴茎勃起伸出而射精。性欲旺盛的公鸭，一次成功的采精只需 1～2 分钟。

D. 假阴道法　用于水禽采精的假阴道，其结构与畜用的假阴道类似，经过改进的禽用假阴道不需充以温热水和涂抹润滑剂。用母鸭作台禽诱情，当公鸭爬跨母鸭台禽时，将阴茎导入假阴道内取得精液。

②采精前公鸭的训练和选择　确定鸭的某种采精方法后，公鸭训练期应采用该方法进行调教，由采精员早上 8 点左右训练。在几种采精方法之中，按摩采精应特别注意公鸭的选择和调教。按摩法采精需经过一段时间的训练，一般公鸭需 10～15 天，瘤头鸭 3～5 天，即可建立条件反射。用母鸭诱情采精时，待公鸭交配后把台禽母鸭捉走，如果公鸭对台禽母鸭无求配反应，或只是踩踏而不交配射精，则应将母鸭留在公鸭笼内一天，以后继续用台禽调教。一周内进行两个周期的调教训练。在成功进行2～3次采精后，公鸭一见到拿着集精杯的采精人员或接近台禽母鸭就会产生性兴奋。按摩采精法，调教良好的公鸭只需背部按摩即可顺利取得精液，同时可减少由于对腹部的刺激而引起排粪便，污染精液。在采精训练中对性反射弱、不排精或排精量少、阴茎畸形和阴茎发育不良的公鸭均应淘汰。

③公鸭的饲养管理　采精前 15～30 天应将公、母鸭隔开饲养，分为 10 只左右的小群。最好能个体笼养，以免公鸭互相攻击而伤亡，瘤头鸭攻击性强，需要采用个体笼养。用于采精的公鸭应增加优质蛋白质饲料、青绿饲料，全价平衡日粮。公鸭比母鸭提早 2 周补充人工光照，并在首周内人工光照和自然光照之和达 14 小时，以后每周增加 1 小时，增至每天光照时间 16 小时止，并维持此光照时间。

④采精量和采精次数　公鸭一次性平均采精量、每毫升含精

子数，番鸭 1.33 毫升、8.44 亿，北京鸭 0.3 毫升、26 亿，樱桃谷鸭 0.18 毫升、21 亿。公鸭的采精时间以每晚放下水之前为宜，采精次数以隔一天采一次的精液品质最好。鸭精液浓稠，呈乳白色，精子密度大而活力强为品质优。体质健壮的公鸭往往射精量大，精液品质好。

⑤精液的稀释和保存　精液的稀释是指在精液里加入一定比例配制好的，适宜精子存活并能保持精子受精力的稀释剂。稀释液的主要作用是为精子提供能量，保障精细胞的渗透平衡和离子平衡，稀释中的缓冲剂可以防止乳酸形成时的有害作用，并可扩大体积。常规输精时鸭的稀释倍数用 1∶1～3 的效果较好。据四川农业大学家禽研究室试验，在 2～5℃保存 6 小时后的鸭精液，受精率（一次输精后 7 天内的种蛋）可达 75％，并以 pH7.1 的 Lake 液和 BPSE 液的稀释效果最好。家禽精液稀释后常温保存时间超过 30 分钟后，会影响受精能力。

⑥输精　鸭的泄殖腔较深，阴道口括约肌紧缩，操作较母鸡输精困难。

助手将母鸭仰卧固定，输精员左手挤压泄殖腔下缘，迫使泄殖腔张开，右手将吸有精液的输精器从泄殖腔的左方徐徐插入，当感到推进无阻挡时，即输精器已准确进入阴道部，一般伸入 3～5 厘米时左手放松，右手即可将精液注入。瘤头鸭阴道开口括约肌紧缩，输精员左手食指插入泄殖腔，在泄殖腔左下侧寻找到阴道的开口，右手将输精器的前端沿着左手食指方向徐徐插入阴道口，左手食指抽出时注入精液。

⑦输精量和输精间隔时间　母鸭每次输新鲜稀释精液 0.1～0.2 毫升，每次输入活精子量 8000 万至 1 亿，首次输精时应加倍。鸭精子受精持续期比陆禽短，一般输精后 6～7 天受精率即急速下降。母鸭 5～6 天输一次精，可获得较高受精率。母鸭宜在上午 8∶00～11∶00 输精为好，因此时母鸭子宫内硬壳蛋尚未完全形成。

17. 如何进行肉种鸭的选择与淘汰?

(1) 育雏期的选择与淘汰 育雏期结束时,即在29日龄应根据种鸭的体重指标、外貌特征等进行初选,公鸭应选择体重大、体格健壮的个体留种;母鸭则选择体重大小中等、生长发育状况良好的个体留种。淘汰多余的公鸭及有伤残缺陷、个体特别小的母鸭。初选后公、母鸭的配种比例为1:4~4.5。

(2) 育成期的选择与淘汰 在22~24周龄时应对种鸭进行第二次选择。主要根据种鸭的体重指标、外貌特征等进行选择。种公鸭要求体格发育良好、体质健壮、活泼灵活、体型好、羽毛丰满、双脚强壮有力、雄性特征明显,将质量最好的公鸭留种;淘汰多余的公鸭;而母鸭主要是淘汰体重较轻、体质较弱以及伤残的个体。选留后,公、母鸭的配种比例为1:5~6。

(3) 产蛋期的选择与淘汰 产蛋期种鸭的淘汰方式有全群淘汰和逐渐淘汰2种。

①全群淘汰制度 为了便于管理,提高鸭舍的周转利用率,有利于鸭舍的清洗消毒,种鸭大约在70周龄左右即可全群淘汰。具体淘汰时间可根据当地对种蛋的需求情况、种蛋价格或鸭苗价格、饲料价格和种蛋的受精率、孵化率等因素来决定。

②逐渐淘汰制度 母鸭产蛋9~10个月,鸭群种出现个别母鸭停产换羽,此时可根据羽毛脱换情况及生理性状进行选择淘汰。随时淘汰那些主翼羽脱落、腿部有伤残等母鸭,并淘汰多余的公鸭,通过选择淘汰后的群体仍可保持较高的产蛋率,直至全群淘汰完。

18. 如何选择合格肉鸭种蛋?

选择种蛋应严格按照肉鸭品种的种蛋质量要求进行。

（1）种蛋应来源于有国家颁发的种畜禽生产许可证的种鸭场　要求种鸭场应针对我国目前疫病的流行特点，按照国家法令对种鸭进行严格免疫；免疫指标达到合格，种鸭未感染过传染性疫病。

（2）种蛋形状、大小、蛋壳质量符合要求　种蛋的形状、大小、蛋壳质量与种蛋孵化率关系密切。蛋形指数（长轴长度与短轴长度之比）是衡量蛋形是否正常的指标。合格鸭蛋呈卵圆形，蛋形指数在 1.35～1.43，应淘汰畸形（过长、过圆）蛋。蛋重应符合品种特征，淘汰过大、过小的种蛋。蛋壳质地应均匀，表面应光滑，有光泽。应严格淘汰钢皮蛋、软皮蛋、砂皮蛋、螺纹蛋和裂纹蛋。

（3）种蛋表面应保持洁净　我国目前饲养肉种鸭主要采用开放式鸭舍、铺垫草养殖模式。种蛋表面往往被鸭粪污染，特别是在夏季阴雨季节，种蛋被污染问题更严重，使细菌大量繁殖，造成孵化环境、孵化器严重污染，降低孵化率和健雏率。夏季种蛋孵化率大幅度降低，孵化中、后期死胚量急剧增加与种蛋被严重污染有密切关系。因此应避免种蛋被鸭粪污染，保持蛋壳清洁。如果发现种蛋表面被粪便污染，应立即采取洁净措施，如擦掉粪便或水洗干净后，进行消毒处理。种蛋应保持新鲜。

（4）种蛋新鲜　种蛋保存时间越短越新鲜。新鲜种蛋蛋壳鲜艳，蛋内水分蒸发量少，营养物质含量变化小，孵化时胚胎活力强，出雏整齐，出雏率高。雏鸭健康活泼，成活率高。一般说来，种蛋保存期应在 1 周以内。

19. 如何保存肉鸭种蛋?

种蛋保存条件差、方法失当，往往造成孵化的中、后期死胚增加、弱雏增多。特别是在冬季和夏季，由于种蛋保存不当导致孵化率降低现象常常出现。种蛋保存的好坏，直接影响到种蛋孵化率和雏鸭成活率。保存种蛋应注意以下几点：

（1）温度 种蛋保存温度为 8～20℃，最适宜温度是 10～15℃。保存时间不同，温度要求有差异，保存时间在 7 天以内，温度控制在 15℃较适宜；7 天以上以 11℃为宜。若保存温度达到 24℃时，胚胎开始缓慢发育，由于细胞的代谢会逐渐导致胚胎的衰老和死亡；相反，温度过低，也会造成胚胎的死亡，影响孵化率；低于 0℃时，种蛋因受冻而失去孵化能力。贮存前，如果种蛋的温度高于保存温度，应逐步降温，使蛋温接近贮存室温度，然后将种蛋放入贮存室。夏季气温高，最好是将种蛋放在阴凉通风的地下室内，以免影响孵化率。

（2）湿度 保存种蛋室内适宜的相对湿度是 70％～75％。湿度过低，蛋内的水分大量蒸发，气室扩大，不利于孵化和胚胎发育。湿度过高能引起种蛋表面出现冷凝水，破坏蛋表面的膜结构，种蛋容易发霉变质，也影响孵化。

（3）时间 种蛋一般保存 3～7 天较好，一般不超过 14 天，保存 3 天以内的种蛋孵化率最高。保存时间越短，孵化率越高。随着种蛋保存期的延长，孵化率会逐渐降低。由于新鲜蛋的蛋白具有杀菌作用，保存时间过长，蛋白的杀菌作用急剧下降；另外，保存时间过长，蛋内水分蒸发过多，导致内部 pH 的改变，各种酶的活动加强，引起胚胎的衰老、营养物质的变化及残余细菌的繁殖，从而危害胚胎降低孵化率。即使在最合适的温度条件下保存的种蛋，若时间超过 10 天，孵化率也会下降。若种蛋较长期保存时，需每天翻蛋 1 次，也可延缓种蛋孵化率的急剧下降。

（4）通风换气 通风换气是保存种蛋的重要条件之一。在放种蛋的地方必须通风良好，否则在梅雨季节，霉菌很容易在蛋壳上繁殖。应将种蛋放置在蛋盘里和蛋架上，蛋的大头（气室）向上，小头向下，这样既可以通风，又可以防止胚胎与内壳粘连。

20. 如何对肉鸭种蛋消毒?

种蛋在产出、收集、存放和运送过程中，都可能受到各种微生物的污染，虽然种蛋具有胶质壳、蛋壳、内外壳膜等，但这些构造都不足以完全抵抗微生物侵入。微生物在污染了种蛋后，如果条件适宜，就会在蛋壳表面大量繁殖，然后侵入种蛋内部，造成孵化率的下降。同时，沙门氏杆菌、大肠杆菌等病原菌都可经种蛋传染给后代。所以，为了消灭这些病原微生物，保证雏鸭的健康，种蛋在入孵前须经过严格认真的消毒。下面是几种常用的消毒方法：

（1）新洁尔灭消毒法　新洁尔灭原液为 5%，用时加水 49 倍配成 0.1% 浓度（取 5% 新洁尔灭原液 0.5 千克倒入 24.5 千克清水中，搅拌均匀即成），用以喷洒种蛋表面即可。但此种溶液不可与碱、肥皂、碘和高锰酸钾混合。

（2）氯消毒法　将种蛋浸在含有活性氯 1.5% 的漂白粉溶液中 3 分钟（即 50 千克水中加 0.75 千克含活性氯的漂白粉），沥干即可。

（3）高锰酸钾消毒法　将种蛋浸泡在 0.02% 浓度的高锰酸钾溶液中 1～2 分钟（即 50 千克水中加 10 克高锰酸钾粉，搅拌均匀，水温为 40℃），沥干即可。

（4）碘溶液消毒法　将碘配成 0.1% 浓度的碘溶液喷洒蛋面即可或种蛋浸泡 30～60 秒即可。具体配法：1 千克水加 10 克碘片和 15 克碘化钾使之溶解（配制碘溶液时需 1.5 倍的碘化钾以利碘溶解）。然后倒入 9 千克清水中，水温约 40℃。

（5）福尔马林消毒法

①用福尔马林（即 40% 的甲醛原液或工业用甲醛）与高锰酸钾混合熏蒸　每立方米空间用 15 克高锰酸钾加 30 毫升福尔马林溶液熏蒸 30～45 分钟。将种蛋码好盘后放入孵化箱中或摊床

上，然后将高锰酸钾均匀地放在容器中（容器要大于所用福尔马林量的 10 倍），再倒进福尔马林，关紧门窗。

②福尔马林直接熏蒸法　用同上法相同的标准量将福尔马林加入适量水中，直接放在火炉上加热熏蒸。

③福尔马林浸泡消毒法　将 40%甲醛原液配成 1.5%的溶液（即 0.75 千克福尔马林倒入 50 千克水中）浸泡种蛋 1～2 分钟即可。

（6）紫外线消毒法　在离地约 1 米高处安装 40 瓦紫外线灯管，照射 10～15 分钟即可达到消毒目的。

现在许多孵化厂对种蛋的消毒是选择在种蛋即将入孵之前进行。严格意义上说，这种消毒方式是不完善的，因为在种蛋收集至入孵前这段时间内，附着在蛋壳表面的病原微生物可能已经过大量繁殖，并进入蛋壳内，消毒效果就不可能彻底，因此，应在每天种蛋收集完毕后，在存入贮蛋库之前进行一次消毒，然后在种蛋入孵前再一次消毒，消灭种蛋贮存期间感染的微生物，这样虽然会麻烦些，但消毒效果会更好。

21. **肉鸭种蛋孵化主要有哪些方法**？

肉鸭种蛋孵化主要采用人工孵化技术，即利用人工提供的类似于自然孵化的条件，对种蛋实施的孵化活动。我国的人工孵化具有悠久的历史。在长期的养鸭实践中，我国劳动人民创造了多种多样的孵化方法，包括摊床孵化、炕孵、缸孵、桶孵等。尽管孵化方法有多种形式，但是基本原理一致，均很好解决了种蛋孵化所需要的温度、湿度、新鲜空气和翻蛋问题。这些传统孵化方法具有投资少、设备简单、不需要用电提供热源等优点，适合于传统的小规模的肉鸭养殖。

例如，摊床孵化是将需要孵化的种蛋放置在"摊床"上，利用人工加热、加湿、通风、翻蛋的方式为种蛋胚胎发育提供适宜的环境温度、湿度和新鲜空气，使胚胎发育成为雏鸭。或将孵化到一定时期的蛋胚放在"摊床"上，利用胚胎自身发育和新陈代谢产生的热量，为胚胎进一步发育提供适宜的温度，使胚胎发育成为雏鸭的过程。摊床孵化能获得较高的孵化率。

摊床构造因环境条件而异，多为层式木架结构，每层之间的距离为 0.30～0.50 米，摊床的宽度和长度因孵化房的结构和孵化量而定，宽度一般为 1.0～2.0 米长，原则是方便操作。摊床的骨架结构应坚固，放置种蛋的表面应平整、柔软（表面可以放置薄层 6～10 厘米长的新鲜碎稻草），应准备好棉被、单被或毯子等覆盖物。

种蛋上摊床后，应依据种蛋四周的实际温度确定是否加热或覆盖种蛋保温；应定期翻蛋，建议每 4～6 小时人工翻蛋 1次，出雏前 3～4 天停止翻蛋；应定期为孵化房通风换气，但不应影响孵化温度；注意经常为孵化房加湿，孵化房的湿度应保持在 60%～75%。目前，我国南方还有一些地区采用此法孵化鸭。

采用现代化全自动控制孵化机孵化肉鸭种蛋是我国目前孵化肉鸭的主要方式。现代化的孵化机孵化方法是在传统孵化方法的基础上产生的新技术，能够自动化地控制孵化种蛋所需要的温度、湿度、新鲜空气等条件，精确度高，具有高效、高孵化率、节省人力等优点。

22. 肉鸭种蛋孵化对温度有何要求？

温度是决定种蛋在孵化过程中胚胎能否正常发育的首要条件，是决定孵化率高低的最关键因素。只有在温度适宜于胚胎发育的条件下，种蛋才能正常孵化。温度过低，胚胎的新陈代谢降低，导致胚胎发育迟缓或停止发育，最后引起胚胎死亡。温度过高，鸭胚胎新陈代谢加快，细胞分化加剧，发育期缩短，可能造成胚胎大量死亡。

（1）变温孵化　即在孵化初期（1～5 天），孵化温度为38.4～38.8℃；孵化中期（第 6 天至出雏前 5 天）的孵化温度为37.8～38.2℃；孵化后期（出雏前 4 天至出雏）的孵化温度为37.0～37.5℃。在实际孵化过程中，由于胚胎不同发育阶段的代谢强度存在较大差异，代谢所产生的热量显著不同。因此，该法适用于整批入孵，建议在孵化过程中最好采用变温孵化。

（2）恒温孵化　即在孵化的第 1～24 天，种蛋的适宜孵化温度是 37.8℃；在孵化后期（25～28 天），胚胎发育开始成熟，此时不需要继续翻蛋，种蛋需要由孵化机转入到出雏机中（落盘），标志着孵化进入了出雏期。在出雏期，孵化温度应维持在37.0～37.5℃。该法适用于分批入孵以满足不同胚龄种蛋的需要，如生产规模小，种蛋量少，不可能在孵化机内一次性装满种蛋，进行整机孵化。此时，孵化机内通常装有 3～4 批种蛋在同时孵化，常常采用恒温孵化技术。

23. 肉鸭种蛋孵化对湿度有何要求？

湿度是种蛋孵化过程中仅次于温度的重要条件，对种蛋孵化率、健雏率等指标具有较大影响。空气中或一定空间中的湿度通常用相对湿度大小来表示，相对湿度是指空气中实际水汽压（用帕斯卡表示）与相同温度下饱和水汽压之比，用百分比（％）表示。相对湿度大小说明空气中水汽的饱和程度，是衡量种蛋孵化过程中空气水蒸气含量高低的指标。在孵化机内装有干湿球温度计或相对湿度计，能准确测定孵化机内的相对湿度。

在种蛋孵化过程中，如果相对湿度低，种蛋内水分蒸发量增加，易引发胚胎与壳膜粘连，造成出壳困难，孵化率降低。并且出壳雏鸭体重小、喙和掌显得干燥。如果相对湿度过高，不利于蛋内水分正常蒸发，导致胚胎发育缓慢，出壳延期，出雏率降低。并且雏鸭腹部膨大，精神状态萎靡，死亡率增加。在鸭蛋孵化初期，适宜相对湿度为 65%～70%；孵化后期相对湿度为70%。种蛋孵化过程中，湿度变化总的原则是"两头高，中间低"。孵化初期，由于胚胎产生羊水和尿囊液，相对湿度控制在65%～70%为宜；孵化后期，为使有适当的水分与空气中的二氧化碳作用产生碳酸，使蛋壳中的碳酸钙转变为碳酸氢钙而变脆，有利于胚胎破壳而出，并可防止鸭绒毛粘壳，相对湿度控制在65%～70%为宜。在鸭蛋孵化后期如果湿度不够，可直接在蛋壳表面喷洒温水，以增加湿度；孵化中期适宜的相对湿度为60%～65%。

24. 肉鸭种蛋孵化对通风换气有何要求？

肉鸭胚胎在发育过程中，都必须不断地与外界进行气体交换，吸入氧气，排出二氧化碳，而且气体交换量随胚龄增加而加强，后期每昼夜需氧量为初期的 110 倍以上，一般要求氧气≥20%；二氧化碳含量 0.4%～0.5%，不超过 1%（新鲜空气含氧气 21%，二氧化碳 0.4%），二氧化碳＞0.5%，孵化率下降；二氧化碳超过 1.5%～2%，孵化率急剧下降。因此，为保证胚胎正常生长发育，必须供给胚胎新陈代谢所需的新鲜空气。

通风、温度、湿度三者之间联系紧密。一般来说，通风良好，温度低时，湿度就小；通风不良，空气不流畅，湿度就大；通风过度，则温、湿度都难以保证，并增加能源消耗。因此，应将通风、温度、湿度三者综合起来考虑，一般孵化机内风扇转速以 200 转/分、通风量以 1.8～2.0 米³/小时为宜，可据孵化季节和胚龄调节进出气孔和风扇的转速，以保证孵化器内空气新鲜、温、湿度适宜。

此外，不能忽略孵化室内的通风换气，孵化器与天花板应有适当距离，还应备有排风设备，保证室内空气新鲜、流通。

25. 翻蛋、凉蛋、照蛋操作要点有哪些?

（1）翻蛋　是人工孵化获得高孵化率的必要条件之一。翻蛋的目的在于改变胚胎方位，防止胚胎与壳膜粘连，促进胚胎运动，使胚胎受热均匀，发育整齐、良好，帮助羊膜运动，改善羊膜血液循环，使胚胎发育前中后期血管区及尿囊绒毛膜生长发育正常，合拢、封门良好，蛋白顺利进入羊水供胚胎吸收，初生重合格。翻蛋还可以减缓羊水的损失，使胚胎在湿润的环境下顺利啄壳、出壳。孵化的第一周翻蛋最重要，第二周次之，第三周效果不明显。

①翻蛋的方法　禽蛋在孵化的过程中，雏禽的头部在种蛋上部近气室处发育，如果种蛋小头朝上，多数胚胎头部在小头，出壳时因其喙不能伸进气室开始肺呼吸而死亡。所以在孵化机内摆放种蛋时要大头朝上或平放在蛋盘里，不能小头朝上，孵化机翻动蛋盘角度为45°，竖放在蛋盘上的种蛋实际处于平放的状态。种蛋平放时，大头自然高于小头，气室在大头，雏禽的头部在种蛋的大头近气室处发育。所以，平放孵化和炕孵及母禽自然孵化都是平放种蛋。民间土法孵化翻蛋就是将上层蛋翻到下层，下层蛋翻到上层；边缘蛋翻到中央，中央蛋翻到边缘。翻蛋时，孵化室温度应提高到27～30℃。

②每天翻蛋的次数　平箱孵化和炕孵每3～4小时翻蛋一次；自动翻蛋的孵化机，为了配合工作人员记录和种蛋受热均匀，每1～2小时翻蛋一次，每次翻蛋后应有一段休息时间，如果总是不停地翻，也不利于胚胎发育。实践证明每天翻蛋6～12次孵化率没有变化，低于6次孵化率开始降低。另外，翻蛋次数与温差有关，若孵化机内温差小，可适当减少翻蛋次数，反之，应适当勤翻蛋。

孵化到出壳前3～4天可以停止翻蛋，因为这时雏禽已经全身长满羽毛并会自动翻身，不会和壳膜粘连。出壳前 3～4 天停止翻蛋挪到出雏机，比出壳前 2 天停止翻蛋挪到出雏机，孵化效果好，这是因为出壳前 2 天是雏禽由绒毛囊呼吸转为肺呼吸的关键时期，这个时期是胚胎最脆弱的时期，是死亡高峰期，胚胎对外界环境的变化很敏感，温度的变化和剧烈的震动都有可能造成胚胎死亡，所以出雏落盘要尽量避开该时期。

（2）凉蛋　是指种蛋孵化到一定时间，关闭电热甚至将孵化器门打开，让胚蛋温度下降的一种操作程序。其目的是驱散孵化器内余热，帮助胚胎散热和呼吸更多的新鲜空气，促进胚胎活动，增强胚胎对外界环境的适应能力。

由于刚入孵的种鸭蛋自身不能产生热量或产生的热量少，不需要凉蛋。当孵化至 10 天左右，胚胎已发育到一定程度，其新陈代谢逐渐增强，释放大量热能，易使蛋温升高，而鸭蛋单位重量的表面积较小，本身散热能力比较差，蛋温超过了孵化器内的温度，故孵化到中后期必须凉蛋，以保证及时排出过剩的热量和供给足够的新鲜空气。一般从孵化的第 14 天开始，每天应定时对胚蛋进行凉蛋，夏季还应喷水降温（水温要求在 25～28℃，喷洒在蛋表面）。以后随着胚龄地增长，每天凉蛋的次数和时间应适当增加，每次凉蛋宜将温降至 30℃ 左右。

使用 1 个孵化器进行孵化时，每天应打开机门 2 次，将孵化 18～24 天的蛋盘从架上抽出 2/3，从 25 天后移盘到出雏，每天定时凉蛋 2 次，间隔地抽出蛋盘。如果蛋温过高，则将蛋盘抽出机外放冷，再送入机内。一般凉蛋时间是每次 30～40 分钟，具体时间根据实际情况而定。

使用 2 个孵化器进行孵化时，第 1～15 天在甲机孵化，温度 37.7℃，湿度 65%，不用凉蛋；第 16～26 天在乙机孵化，温度 37.5～37.7℃，湿度 50%，每天定时抽出蛋盘在机外凉蛋，喷水 2 次，26 天以后再将蛋移到甲机出雏盘内出雏。

为了减少凉蛋时的劳动强度，在孵化 16～17 天后，采取加强通风的办法，既可以排出蛋内多余的热量，又能满足胚胎通气的需要。还可以将凉蛋和照蛋同时进行。

在孵化实践中凉蛋次数及时间应根据通风状况、机内温度、季节变化、胚胎发育状况、种蛋类型及环境温度酌情而定，灵活掌握。

（3）照蛋　是指在种蛋孵化一定时间后，在黑暗条件下用照蛋灯对胚蛋进行透视，以检查胚胎发育情况的一种操作。主要目的是观察胚胎发育是否正常，以此作为调整孵化条件的依据，及剔除未受精蛋和早期死胚蛋。照蛋是孵蛋过程中不可缺少的环节。

在整个孵化过程中一般需要照蛋 2～3 次。头照一般在孵化的第 6～7 天进行。头照时除剔除无精蛋和死胎蛋外，更要注意胚胎发育情况。发育正常的胚胎，血管网鲜红色，扩散面较大，胚胎上浮或隐约可见；发育不良的胚胎体小、"起珠"现象不明显、血管纤细且模糊不清，或看不到胚胎，仅仅看到气室下缘有一定数量的淡红色纤细血管，扩散面小；无精蛋则蛋色浅黄发亮，蛋内透明，看不到胚体或血管，气室不明显，有时隐约可见蛋黄暗影；死精蛋（又称血蛋）则见黑色血环贴在蛋壳上，有时可见死胎的黑点静止不动，蛋色较淡或透明。

二照在种蛋入孵后第 13～14 天进行。二照的目的是观察前中期胚胎发育是否正常及剔除死胚蛋和头照遗漏的无精蛋。发育正常的胚胎，尿囊血管伸展到蛋的尖端出现"合拢"，并包围蛋的所有内容物，透视时蛋的尖端布满血管；发育慢的胚胎，尿囊血管尚未合拢，透视时蛋的小头颜色发白；死胚蛋内是漆黑一团，边缘色发淡或呈污水样的淡色液体（臭蛋）。三照在种蛋入孵后第 25～26 天进行。

三照后即落盘。此次照蛋时，发育良好的胚胎，除气室外占满蛋的全部容积，胎儿的颈部紧压气室，因此气室向一侧倾斜，血管粗大，有时可以看到黑影闪动（胎动），胚蛋黑暗；发育慢的胚胎则气室较小，边缘不齐，可以看到红色血管，对发育慢的胚胎可延迟落盘；死胚蛋的气室小且不倾斜，边缘模糊，颜色粉红、淡灰或黑暗，胚胎不动。

照蛋要求轻、稳、准、快，尽量缩短时间，照完一盘后重新聚拢种蛋，填满空隙，这样不易漏照，照蛋时发现胚蛋小头朝上应倒过来。插放蛋盘时，有意识地对角倒盘，以减少机内温差的影响，放盘时，要注意把蛋盘放到固定位置上，勿使转蛋时滑出，照完蛋后在全部检查一遍再关机门，最后统计无精蛋、死精蛋及破蛋数，并登记入表，计算受精率。

照蛋的方法和设备可因地制宜，就地取材，视具体情况而定。最简便的是在孵化室的门或窗上，开一个比蛋略小些的圆孔，利用阳光透视。目前，通常多采用手提照蛋器，也可自制简便照蛋器，照蛋时将孔按在蛋的大头下逐个点照。此外，还有装上光管的照蛋框，将蛋盘置于其上，可一目了然地检出无精蛋和死精蛋，简单快速。为了增加照蛋的清晰度，照蛋室需保持黑暗。

照蛋时除了剔除无精蛋、死精蛋、死胎蛋和部分特别弱的胚蛋外，还有重要的一点即是根据胚胎的发育情况及时调整孵化条件，如果发现胚胎发育过早了，说明孵化温度高了，则需适当降温；如果发现胚胎发育过晚了，说明孵化温度低了，则需适当升高孵化温度；三照时对发育慢的胚胎，如果没有出现烧伤痕迹，则可延迟落盘，不必升高孵化温度，等待迟些出雏。

26. 如何提高肉鸭种蛋孵化率？

（1）确保种蛋质量　种蛋必须来自于遗传性能稳定、生产性能优良、繁殖能力较强、健康状况良好的种鸭群，符合品种要求，新鲜、正常。

①建立符合种用条件的种鸭群，能体现出品种的特征　特别

注意公、母鸭间的血统关系，选育时不能只顾生产性能性状，也要记录好每只鸭的系谱，在公、母配对时要防止近交的发生，近交往往会造成近交衰退，其后代在生命力和繁殖力等方面都会下降，孵化过程中死胚率明显上升。在饲养管理的各个环节应及时淘汰那些过小、过肥、精神沉郁、有残疾的鸭，在产蛋期要注意观察并淘汰经常产软壳蛋、薄壳蛋、畸形蛋等的种鸭。

②加强饲养管理　在产蛋的高峰期，除按照营养要求供给配合饲料外，可适当补充蛋白质、维生素、微量元素等，否则可能造成胚胎后期死亡严重或者弱雏增多；种鸭不能采用商品鸭的饲养模式，要给予足够的活动场所和戏水水池，并且要根据清洁程度及时换水，防止饮用污水；根据当地的疫病流行情况制定合理的免疫程序，以增加后代的母源抗体含量。要注意疫病防治，特别是一些垂直传播的疾病，如沙门氏菌等，否则种蛋一旦被感染，胚胎后期或雏鸭前期死亡严重。

③妥善收集和贮存种蛋　鸭的产蛋时间比较集中在凌晨2：00～5：00，应准备充足的产蛋窝，防止窝外蛋而被污染，并且要定期更换垫草。在收蛋时动作要轻柔，防止碰撞而产生裂纹为细菌的侵入提供条件。在运输过程中要防止颠簸和大幅度的摇晃而使蛋黄系带断裂，胚胎发育受阻，导致胚胎早期死亡严重。在拣蛋时应挑出异常蛋、粪污蛋。蛋库的温度应恒定，不能忽冷忽热。种蛋贮存在1周之内对孵化率的影响较小，但是如果存放时间更长，则会明显降低孵化率。

（2）种蛋消毒和入孵前的准备

①种蛋一般要经过2次消毒，第一次是将种蛋放入蛋库之前，第二次是将种蛋从蛋库移到孵化场。消毒的方法虽然有多种，但适合孵化的种蛋消毒方法最常用的是福尔马林熏蒸消毒，需待表面的甲醛挥发完全后再将种蛋放入蛋库贮存。熏蒸消毒时一定要注意温度和湿度，温度在22～26℃，湿度在60%时消毒效果最好。

②入孵之前应有一个预热的过程，防止因温差太大胚胎受到刺激，预热应保持温度 22～26℃，时间为 12～18 小时。

（3）严格孵化操作管理

①根据本地的环境条件和种蛋品质要求，制定最佳的孵化参数。确保孵化的温度、湿度、通风换气符合要求，严格按照操作规程进行上蛋、翻蛋、照蛋、凉蛋、出苗等操作，认真进行孵化车间、孵化器、用具等清洗、消毒。

②认真、正确的对孵化设备进行温、湿度较正，并严格进行日常维护，机器出现异常情况应及时处理。建立 24 小时值班制度，定期记录孵化参数和机器运行状态。对每批鸭苗，要根据其出苗数量和健康状况进行制表分析，并对报表进行认真分析、研究，以制定更适宜的孵化参数。

五、肉鸭的饲养管理

27. 肉鸭有哪些生活习性？

（1）喜水性　鸭善于在水中觅食、嬉戏和求偶交配。鸭的尾脂腺发达，能分泌含有脂肪、卵磷脂、高级醇的油脂，鸭在梳理羽毛时常用喙压迫尾脂腺，挤出油脂，再用喙将其均匀地涂抹在全身的羽毛上，来润泽羽毛，使羽毛不被水浸湿，有效地起到隔水防潮、御寒的作用。但鸭喜水不等于鸭喜欢潮湿的环境，因为潮湿的栖息环境不利于鸭冬季保温和夏季散热，并且容易使鸭子腹部的羽毛受潮，加上粪尿污染，导致鸭的羽毛腐烂、脱落，对鸭生产性能的发挥和健康不利。

（2）合群性　鸭的祖先天性喜群居，很少单独行动，不喜斗殴，所以很适于大群放牧饲养和圈养，管理也较容易。鸭性情温驯，只要有比较合适的饲养条件，不论鸭日龄大小，混群饲养时都能和睦共处。但在喂料时一定要让群内每只鸭都有足够的吃料位置，否则，将会有一部分弱小个体由于吃不到料而消瘦。

（3）杂食性　鸭是杂食动物，食谱比较广，很少有择食现象，加之其颈长灵活，又有良好的潜水能力，故能广泛采食各种生物饲料。鸭的味觉不发达，对饲料的适口性要求不高，凡无酸败和异味的饲料都可成为它的美味佳肴，并且对异物和食物无辨别能力，常把异物当成饲料吞食。鸭的口叉深，食道宽，能吞食较大的食团。鸭舌边缘分布有许多细小的乳头，这些乳头与嘴板交错，具有过滤作用，使鸭能在水中捕捉到小鱼虾。鸭的肌胃发达，其中经常贮存砂砾，有助于鸭磨碎饲料。所以，鸭在舍饲条件下的饲料原料应尽可能地多样化。

（4）生活规律性　鸭有较好的条件反射能力，可以按照人们的需要和自然条件进行训练，并形成一定的生活规律，如觅食、戏水、休息、交配和产蛋都具有相对固定的时间。放牧饲养的鸭群一天当中一般是上午以觅食为主，间以戏水或休息；中午以戏水、休息为主，间以觅食；下午则以休息居多，间以觅食。一般来说，产蛋鸭傍晚采食多，不产蛋鸭清晨采食多，这与晚间停食时间长和形成蛋壳需要钙、磷等矿物质有关。因此，每天早、晚应多投料。舍饲鸭群的采食和休息根据具体的饲养条件有异。鸭配种一般在早晨和傍晚进行，其中熄灯前 2～3 小时鸭的交配频率最高，垫草地面是鸭安全的交配场所。因此，晚关灯，实行垫料地面平养有利于提高种鸭的受精率。

（5）耐寒不耐热　成鸭因为大部分体表覆盖正羽，致密且多绒毛，所以对寒冷有较强的抵抗力。现代科学技术研究表明，鸭脚骨髓的凝固点很低，鸭即使长期站在冰冷的水面上仍然能保持脚内体液流畅而不使脚蹼冻伤，故鸭在严寒的冬季只要饲料好，圈舍干燥，有充足的饮水，仍然能维持正常的体重和产蛋性能。相反，鸭对炎热环境的适应性较差，加之鸭无汗腺，在气温超过 25℃时散热困难，只有经常泡在水中或在树荫下休息才会感到舒适。

（6）敏感性　肉鸭性急胆小，易受外界突然的刺激而惊群，尤其是对人、畜及偶然出现的色彩、声音、强光等刺激均有害怕的感觉。所以，应保持肉鸭饲养环境的安静稳定，以免突然受惊而影响生长增重。

（7）群体行为　鸭良好的群居性是经过争斗建立起来的，强者优先采食、饮水、配种，弱者依次排后，并一直保持下去。这种结构保证鸭群和平共处，也促进鸭群高产。合群、并舍、更换鸭舍或调入新成员应在母鸭开产前几周完成，以便使鸭群有足够的时间重新建立群序。鸭在生理行为发生变化时啄斗会加剧，如4 周龄脱换绒羽和肉种鸭 11 周龄性器官开始发育、21 周龄第二性征形成、25～26周龄开始产蛋等，所以此阶段要加强管理，创造适宜的环境，以缓解和减少鸭啄斗。

（8）其他　鸭喜食颗粒饲料，不爱吃粒度过小的黏性饲料，并有先天的辨色能力，喜欢采食黄色饲料，在多色饲槽中吃料较多，喜在蓝色水槽中饮水。鸭愿意饮凉水，不喜欢饮高于体温的水，也不愿饮黏度很大的糖水。

28. 肉鸭饲养中怎样应用垫料？

肉鸭食量逐渐增大，生长速度快，排泄量大，因而导致鸭舍湿度过大，特别是阴雨或冷天，更加明显，长时间的潮湿，能使鸭舍内的垫料潮湿、板结、发霉，极易诱发鸭群患曲霉菌病和球虫病，鸭粪处于潮湿的环境中，极易发酵，散发出各种有毒气体，鸭群易患呼吸道疾病。故保持舍内干燥卫生显得十分重要。

使用垫料能够起到防潮、防湿、防寒、保暖的作用，垫料通常采用干燥、无污染、无霉变的稻草、谷壳、麦草、锯末、刨花等，入舍前应充分曝晒，使其松软、干燥，晾后入垫。鸭舍内平时勤换勤加垫料，夏季最好每天打扫清理一次，更换一次干燥的新鲜垫料，严禁使用霉变垫料。发现垫料潮湿应及时更换垫料，并清除排泄物。如果能够有效控制疾病和保证垫料来源充足，也可以采用"厚垫料"法，即每天只垫不除，直到肉鸭出栏后一次性清除。

29. 什么是肉鸭网上平养技术？

网上平养技术是将雏鸭饲养在距离地面0.8～1.2米高的网床上。养鸭用的网面可以采用软质塑料网、镀锌钢丝网、木栅网、竹片（竿）栅网等。塑料网：前期（0～14日龄）采用1.7～3.5厘米，后期（15日龄后）采用2.0～4.0厘米大小的网眼，塑料网的交接处用竹片/木片钉好压实。栅网：用直径1.0～1.5厘米的竹竿或1.0～1.5厘米宽的木条，按1.5～2.0厘米的间隙钉制成栅网；或用直径2.0～3.0厘米的镀塑或镀锌钢丝焊接成网孔长2.0厘米的网片，育雏床竹片/木片间距1.0厘米，中鸭竹片/木片间距2.0厘米。框架可用直径5厘米的竹竿或相应规格的木料，按可利用空间制作。框架支撑可用水泥预制件、砖垛、短墙皆可。要求网床坚固，表面平整、网眼大小适中、肉鸭在网上活动畅通无阻。

网上平养技术的优点是饲养密度大，粪便通过网眼掉落到地面，鸭不与粪便接触，极大减少了疫病的传染，不需使用垫料，便于机械集中清粪，减轻了劳动强度，有利于卫生防疫和生态环境保护，能产生良好的经济效益和社会效益。建议有条件的肉鸭场全程采用网上养殖，育雏最好采用网上饲养方式。

30. 常用哪些指标衡量肉鸭的生产性能？

衡量肉鸭的生产性能指标主要有活体重、饲料转化率、屠体重、半净膛重、全净膛重、屠宰率、胸肌率、腿肌率、成活率等。

（1）活体重　指肉鸭在屠宰前禁食12小时后的体重。

（2）饲料转化率　包括料肉比和肉料比两方面的概念。料肉比是单位体增重 G（千克）的耗料量 F（千克），即 F/G。肉料比是单位饲料消耗量 F（千克）所增加的体重 G（千克），即 G/F。

（3）屠体重　是肉鸭放血去羽毛后的重量（湿拔法须沥干）。

（4）半净膛重　屠体去气管、食道、嗉囊、肠、脾、胰和生殖器官，留心、肝（去胆）、肺、肾、腺胃、肌胃（除去内容物及角质膜）和腹脂的重量。

（5）全净膛重　是指半净膛胴体去除心、肝、腺胃、肌胃、腹脂，保留头、脚的重量。

（6）肉鸭常用的屠宰率指标的计算方法如下：

屠宰率（%）＝屠体重/活重×100

半净膛率（%）＝半净膛重/活重×100

全净膛率（%）＝全净膛重/活重×100

胸肌率（%）＝胸肌重/全净膛重×100

腿肌率（%）＝大小腿肌重/全净膛重×100

31. **影响肉鸭生产性能的主要因素有哪些?**

（1）品种　不同品种肉鸭的生长速度、饲料转化率、胸腿肉率、抗病能力、死亡率等存在较大差异。

（2）饲料　在饲养的肉鸭品种确定后，肉鸭的生产性能主要取决于饲料品质与营养水平。肉鸭饲料中所含有的代谢能、蛋白质、氨基酸、钙、磷、维生素、微量元素等指标应满足肉鸭的营养需要量。

（3）性别　不同性别的肉鸭生长发育速度不同。在出壳后的1～2周内，公鸭体重生长和母鸭比差异较小，随后公鸭生长速度加快。母鸭沉积脂肪的能力高于公鸭，饲料转化率低于公鸭。

（4）环境温度　高温导致肉鸭采食量下降、活动量降低、生长发育受阻，甚至因热应激导致疾病和死亡。环境温度低，肉鸭采食量增加，饲料转化率下降。不同生理阶段肉鸭的适宜温度区存在差异，刚出壳的雏鸭需要31℃以上的高温。生长育肥肉鸭的适宜温度在10～22℃。

（5）饲养密度　饲养密度大，鸭舍内的空气容易污浊，易造成肉鸭呼吸道黏膜损伤，增加鸭群发生大肠杆菌和浆膜炎的机会。饲养密度大还会降低肉鸭的运动量、采食量、生长速度，导致伤残、死亡。

（6）疾病　肉鸭疾病包括禽流感、小鸭肝炎、大肠杆菌、浆膜炎等，对肉鸭健康危害极大，往往导致肉鸭大批死亡。疾病能使肉鸭新陈代谢出现紊乱、采食量降低或废绝，生长发育停滞。因此，能否保证肉鸭群体健康、不发生疾病是养鸭能否取得经济效益的关键环节之一。

（7）运动　保持肉鸭适量运动有利于提高食欲，增强体质，促进健康，利于肉鸭生长。但是过量运动要消耗营养物质，降低饲料转化率。

（8）生活环境　生活生长环境是否良好对鸭群健康和生长发育影响较大。鸭舍内地面和垫料要求干燥，清洁卫生，垫料新鲜无发霉现象。鸭舍内应通风良好，空气新鲜。

32. 如何划分肉鸭的生长发育阶段？

根据肉鸭的生长发育和生长曲线特点，将肉鸭从出壳到上市的全部生长期划分为 3 个阶段，即育雏期（0～2 周龄）、生长期（3～5 周龄）和育肥期（6 周龄至上市日龄）。

育雏期肉鸭的生理特点是活泼好动、代谢旺盛、相对生长速度快，如 7 日龄北京鸭的体重是初出壳体重的 5 倍以上，14 日龄雏鸭的体重是 7 日龄体重的 3 倍；雏鸭对环境温度变化敏感，抵抗寒冷的能力差，要求环境温度较高；抗病能力较低，易感染多种疾病。生长期肉鸭的绝对生长速度快，以生长骨架、腿肌、胸肌为主体，如北京鸭在生长期的平均日增重达到 100 克；胃肠容积增大，采食量增加，消化能力增强，代谢旺盛，胸肌生长快；羽毛发育迅速，机体各种功能加强，适应性、抗病力增强。育肥期肉鸭除皮下脂肪生长速度快外，胸肌生长速度仍然较快，因为胸肌在肉鸭的生长发育中属于晚熟性状。因此，应根据不同生理阶段肉鸭的生长发育特点、消化生理特点及对环境的适应能力等进行相应的饲养管理。

33. 为什么饲养肉鸭要采用阶段饲养法?

不同生长发育阶段的肉鸭,其组织器官的生长发育特点有显著不同。如在0~2周龄的雏鸭阶段,其心血管系统、消化系统、呼吸系统等内脏系统与运动系统(腿肌、腿骨)生长发育迅速,胸肌生长发育缓慢;在3~5周龄的生长期肉鸭,其胸肌、羽毛生长发育迅速;在6周龄以后的育肥鸭,胸肌仍持续生长,而皮脂和腹脂的相对生长加快,相对含量迅速提高。

由于不同生长发育阶段肉鸭的组织器官发育与对环境的适应能力不同、对营养的需求与对饲料的消化能力有差异,因而,对饲料品质、营养和环境的要求也必然不同。

在肉鸭生产中实施阶段性饲养管理,即是针对不同生长阶段肉鸭对环境、饲料营养需要的特点进行管理,最能有效提高饲料营养、环境和能源的利用效率。例如,肉鸭育雏期适宜的日粮能量为12.12兆焦/千克、蛋白质需要量20.0%,生长期为12.33兆焦/千克和18.0%,育肥期为12.33兆焦/千克和16.5%。钙、磷的需要量在不同阶段也有显著不同。显然按照不同阶段肉鸭的营养需要量配制饲料,能最大限度提高饲料利用率,降低饲养成本。

另一方面,肉鸭育肥期的时间约为1周,如果在中期肉鸭饲料中使用了国家允许的饲料添加剂,经过育肥期1周左右的停药期,鸭肉产品中的残留量将大幅度降低,其安全性提高。应严格禁止在育肥期肉鸭饲料中使用任何药物,确保肉鸭产品的安全性。

34. 雏鸭饲养方式有哪些?

各地农村由于经济发展不平衡,农户的经济条件、自然资源条件差异较大，可以根据自己的条件，采用不同的养鸭方式。雏鸭的饲养方式可以分为地面平养、网上平养和笼养 3 种方式。

（1）地面平养　是将雏鸭饲养在铺有洁净垫草的地面上。其优点是设备简单，投资少，雏鸭活动范围广。缺点是鸭雏容易直接接触粪便，不利于防病；需要经常更换垫料，劳动强度大；浪费能源。特别是在冬天环境温度低，育雏时需要将雏鸭生活区域的温度升高到 30℃ 以上，需要消耗大量的能源。据试验测定，在冬季室外环境温度为 2℃ 时，在鸭舍内，距离地面 0.5 米高处的温度达到 31℃ 时，垫料上面（约距离地面 0.1 米）的温度只有 26℃。如果将距离地面 0.1 米处的温度由 26℃ 提高到 31℃，在普通修建的鸭舍中，需要增加 30% 的热源。

（2）网上平养　是将雏鸭饲养在距离地面 0.8～1.2 米高的网床上。其优点是饲养密度大，粪便通过网眼掉落到地面，鸭不与粪便接触，极大减少了疫病的传染，不需使用垫料，便于机械集中清粪，减轻了劳动强度，有利于卫生防疫和生态环境保护，能产生良好的经济效益和社会效益。

（3）笼养　是将雏鸭饲养在一定结构的笼中。饲养雏鸭的笼子可以是 2、3 或 4 层。层间距应大于 0.5 米，以利于通风换气。其优点同网上饲养。不足是管理不方便，肉鸭生长速度快，经常需转笼疏群；由于鸭的采食和饮水习性不同于鸡，其笼养效果往往不如鸡好。

35. 运输雏鸭应注意哪些问题？

初生的雏鸭对外界环境的适应能力差，怕冷、容易脱水，易感染疾病。因此，初生的雏鸭一般应在出壳后 12～24 小时内送到育雏舍。

（1）车辆和用具准备　运输雏鸭前，装运雏鸭的车辆和容器必须检查、消毒，装雏鸭最好用专用的发雏盒，如果使用纸箱、木箱或竹筐代替，应保证通风防压，密度适宜。

（2）运输时间　根据气温情况，选择运输时间。气温高时宜选早、晚运输，注意通风，防暑降温、防晒、防淋，途中应经常检查雏鸭动态，特别是运输时间较长或途中出现长时间停车时更应注意，以免出现热、闷、挤压现象；气温低时宜选中午运输，备好保温物品以免着凉。

（3）车辆行驶　运输途中行车应匀速、平稳，切忌随意停车，在上下坡时车速宜缓慢，如有异常情况要及时采取措施。

（4）雏鸭到场后应打开盒盖，检查健康状况。将雏鸭盒（箱）先放在育雏室休息，然后再放入育雏伞下保温，先喂水后喂料。若在天气较热的季节应先供水，再清点鸭数。

36. 怎样做好进雏鸭前的准备工作？

（1）制订育雏计划，建立育雏记录等制度　应根据要养的雏鸭数量，准备好足够的房舍、饲料、药品及供暖、供水、供食用具；准备包括填写进雏时间、进雏数量、育雏期成活率等指标的记录表。

（2）维修与检查　及时检查维修破损的门窗、墙壁、通风孔、网板、线路、水管等；如采用网上育雏，应仔细检查网底有无破损，铁丝接头有否露在平面上，以免茬口刺伤鸭脚或皮肤；若地面平养，应铺好垫料。

（3）鸭舍卫生与消毒　用高压水枪冲洗鸭舍内的各种管道、通气孔、顶棚、固定设备、墙壁，清扫地面。一般采用福尔马林高锰酸钾熏蒸消毒法，用量为每平方米用甲醛 20 毫升、水 20 毫升、高锰酸钾 10 克，将甲醛和水同时倒入盛有高锰酸钾的容器内，关闭门窗，密闭消毒 12～24 小时，消毒结束后应彻底通风2～3 天，然后再放入雏鸭。墙壁、天花板或顶棚还可以使用10%～20% 的石灰乳粉刷消毒，地面可以用生石灰消毒。同时对育雏室周围道路和生产区出入口等处进行环境消毒，切断病源。

（4）用具清洗消毒　对鸭舍内的设备用，包括分群用的挡板、饲槽、水槽或饮水器等育雏工具进行浸泡、冲洗消毒处理，晾干后妥善保管于消毒过的干净处。

（5）鸭舍预热　进雏鸭前还应调试加温设备，做好加热试温工作，寒冷季节通常提前 1 天将育雏舍的温度升高到 28～30℃。

37. 怎样挑选健康雏鸭？

雏鸭苗的强弱对于育雏成活率至关重要。种鸭的饲养、种蛋的选择、消毒、孵化温湿度的控制等直接影响雏鸭苗的健康。因此，雏鸭苗的进货渠道尤为重要。应选择信誉好，最好通过标准化验收的种鸭场进苗，能够保证雏鸭苗的质量。除此之外，还应符合以下几点：

（1）外观　精神状态良好，眼大有神，行动灵活，体态强壮，挣扎有劲，叫声干脆有力，绒毛光亮，喙、掌、腿丰满光润。

（2）均匀度　同批次体型大小均匀、整齐，体重符合品种要求，差异在上下 20％以内。

（3）脐部　愈合良好，但可以带有小段干枯的尿囊柄。

（4）腹部　平软，绒毛丰满，卵黄吸收良好。

（5）泄殖腔　湿润干净，绒毛丰满、柔软，收缩有力。

如选作种鸭用，还须符合该品种的特征。

38. 怎样辨别雏鸭雌雄？

对初生雏鸭进行雌雄鉴别，可实行公母分群饲养管理，提高鸭群的整齐度和饲料转化率，促进快速育肥，缩短饲养期。常用的雌雄鉴别法主要有以下几种：

（1）外形鉴别法　把雏鸭托在手上观看，凡喙长、头大、颈粗、体躯长圆、尾尖、鼻孔小、鼻基粗硬且起伏明显的为公鸭；而喙短、头小、颈细、身扁、尾散开、鼻孔宽大、鼻柔软无起伏的为母鸭。

（2）翻肛法　将初生雏鸭握在左手掌中，用中指和无名指夹住鸭的颈部，使头向外，腹向上；然后，用右手大拇指和食指挤出胎粪，再轻轻翻开肛门。见到长 2～3 毫米芝麻粒大小的突起物（阴茎）则是公鸭，没有小突起只是皱褶的是母鸭。此法最为可靠和准确，在生产中也最为常用。

（3）捏肛法　用左手托起初生雏鸭，鸭头朝下，腹部朝上，背靠手心，以大拇指和食指夹住鸭的颈部，用右手大拇指和食指轻轻平捏肛门两侧，上下或前后揉搓。如手指皮肤感觉有芝麻粒或小米粒大小的突起物，则为公鸭；手指感觉平滑无突起物则为母鸭。

（4）顶肛法　左手握住雏鸭，右手食指和无名指夹住鸭体两侧，中指在其肛门外轻轻往上一顶，如感觉有小突起物即为公鸭。此法较难掌握，需要有长期丰富的经验，但熟练后速度比捏肛法更快。

39. 怎样做好雏鸭的第一次饮水和饲喂？

肉用仔鸭早期生长发育特别迅速，应尽早饮水开食，有利于雏鸭的生长发育，锻炼雏鸭的消化道。开食过晚体力消耗过大，失水过多易变得虚弱，影响幼雏的生长发育。饲养雏鸭要做到"早开水、早开食"，并且要"先开水、后开食"。

雏鸭出壳后第一次饮水称为"开水"，通常在初生雏鸭全身绒毛干后，能够站立和行走时进行。使用较浅的方盘或圆盘，盛放约 1 厘米的水，以浸水至雏鸭脚背为准，水温以 30～32℃ 为宜，逗引或捉拿雏鸭于盘中，任其自由饮水、嬉戏，5～6 分钟后，把幼雏放围栏内，让其自由梳理羽毛，等到羽毛干马上开始第一次喂食。雏鸭入舍后先饮水，有利于清理胃肠，排除胎粪，加速残余卵黄的吸收，为开食做准备。开水时可在水中加入多维葡萄糖和 0.02% 的高锰酸钾，以补充能量和抑制肠道内有害病原菌繁殖，提高成活率。运输路途较远的，待雏鸭到达育雏舍休息 30 分钟左右后进行开水。

第一次给雏鸭喂食又称为"开食"。开食料原则上以营养丰富、容易消化吸收、适口性好的饲料。一般可用碎玉米或碎大米等，喂前煮八成熟，再用清水冲洗以降低黏性。有条件的可按每 30 羽雏鸭 1 个熟蛋黄或添加多维葡萄糖拌饲。喂食时将饲料均匀撒在草席或塑料布上，让雏鸭啄食，做到随吃随撒。个别不会吃食的雏鸭，可进行诱食，保证每只雏鸭吃到充足饲料。掌握勤添少喂的原则，每次喂八成饱，每天至少喂 6～8 次。前 3 天不宜喂得太饱，以免引起消化不良。幼雏不知饥饱，需经常观察幼雏的消化情况，随时调节喂食量。如发现食道膨大部里还积存较多饲料，则需减少当餐喂量，必要时只给水，不给食。

开食以后，逐步过渡到使用配合全价的"花料"，日喂次数仍然要保持 5～6 次。

40. 怎样控制育雏温度？

在育雏条件中，以育雏温度对雏鸭的影响最大，可直接影响到雏鸭体温的调节、饮水、采食以及饲料的消化吸收。依条件不同，可选用保姆器、火炉（火炕）加热升温育雏。采用伞形保姆器育雏，是目前广泛采用的育雏方法，保姆器下的雏鸭实际温度应保持在 1～3 日龄，30～32℃、室温保持在 26～28℃，以后随日龄增加，每日降低 1℃，直至与环境温度一致后不再降温。用火炉（火炕）加温育雏必须将烟雾和有害气体排出育雏室，防止雏鸭一氧化碳中毒。

特别要注意的是，生产实践中，无论采用何种方式升温或降温，除根据温度计读数进行调节外，均应以雏鸭的活动状态来判断，尽量满足雏鸭对最佳温度要求的反应。例如，在温度过低时，雏鸭怕冷会靠近热源扎堆，互相取暖，尖叫，影响采食、饮水，并且往往容易造成压伤或窒息死亡；温度过高时，雏鸭远离热源，张口喘气，烦躁不安，分布在室内门窗附近，饮水量增加，容易造成雏鸭体质软弱和抵抗力下降；温度适宜时，雏鸭精神饱满、活泼、食欲良好，排泄正常，饮水适度，绒毛光亮，伸腿伸腰，分布均匀，静卧无声。

41. 怎样控制育雏湿度？

湿度对雏鸭生长发育影响较大。刚出壳的雏鸭体内含水量为70%左右，同时又处于环境温度较高的条件下，如果湿度过高，舍内潮湿，霉菌及其他病原微生物大量繁殖，容易引起雏鸭发病；湿度过低，往往引起雏鸭轻度脱水，影响雏鸭健康和生长。雏鸭舍应保持干燥清洁，第一周相对湿度 60%～70% 为宜，有利于雏鸭卵黄吸收，随后由于雏鸭排泄物的增多，应随着日龄的增加降低舍内湿度。

42. 怎样控制育雏光照？

雏鸭活泼好动、代谢旺盛、消化能力强、生长速度快，而食量少，需昼夜不断地采食，故育雏舍应有充足的光照，晚上也要有电灯照明，让其 24 小时采食。

光照可以促进雏鸭的采食和运动，有利于雏鸭的健康生长。出壳后的头 3 天内采用 24 小时光照；4～7 日龄，可不必昼夜开灯，给予每天 22 小时光照，便于雏鸭熟悉环境，寻食和饮水。每天停电 1～2 小时保持黑暗的目的，在于使鸭能够适应突然停电的环境变化，防止一旦停电造成应激扎堆，致大量雏鸭死亡。

光照强度不可过高，过强光照不利于雏鸭生长，有时还会造成啄癖。通常光照强度在 10～15 勒克斯。一般开始白炽灯每平方米应有 5 瓦强度（10 勒克斯，灯泡离地面 2～2.5 米），以后逐渐降低至 2～3 瓦强度。到 2 周龄后，白天可以利用自然光照，在夜间 23 点关灯，早上 4 点开灯。早、晚喂料时，只提供微弱的灯光，只要能看见采食即可，这样既省电，又可保持鸭群安静。采用保温伞育雏时，伞内的照明灯需昼夜亮着。因为雏鸭在感到寒冷时到伞下取暖，伞内照明灯有引导雏鸭进伞之功效。

43. 如何判断肉鸭育雏期的饲养密度？

育雏密度是指每平方米面积饲养肉鸭的数量。密度过大，容易引起鸭群拥挤，采食饮水不均，空气污浊，不利于雏鸭生长和羽毛着生，并且易出现应激反应和诱发疫病的发生；密度过低，冬天不易保温，房舍、饲养设施设备利用率低，饲养成本增加，影响经济效益。育雏密度依肉鸭的品种、日龄、季节、性别、通风条件和饲养方式不同，存在较大差异。肉鸭育雏期的适宜饲养密度以雏鸭活动互不影响，能够自由采食、自由饮水、自由活动，并有充足的运动空间为原则。

以北京鸭系列的大型肉鸭品种为例，适宜的育雏密度为：地面平养第 1 周龄为 15～20 只/米^2，第 2 周龄为 10～15 只/米^2，第 3 周龄为 7～10 只/米^2；网上饲养为第 1 周龄为 25～30 只/米^2，第 2 周龄为 15～25 只/米^2，第 3 周龄为 10～15 只/米^2；一般可以在鸭群休息时观察饲养密度是否合适，如果鸭群卧在地面时，有 1/3 左右的地面空闲则饲养密度是适宜的；冬季与夏季相比，饲养密度可相对应大一些，按以上原则可适当调整。为了方便控制雏鸭饲养密度，在鸭舍里可使用移动式围栏或隔墙，便于随雏鸭的日龄增加而降低雏鸭饲养密度，减少分群和移群带来的应激和麻烦。

44. 为什么应及时为雏鸭提供清洁饮水？

雏鸭运送到育雏场后，应先饮水后喂食。因为鸭雏在出壳后自身体表和体内的水分损失较快，容易造成缺水。雏禽也经常因为路途远，运距长，导致体内缺水较严重，如果先喂饲料，将加重体内缺水。雏鸭在采食后饮水，将会拼命喝水，容易造成饮水过量而死亡。对于脱水严重或体弱的鸭子应进行人工诱导饮水，促进卵黄迅速吸收，让雏鸭较快恢复体力，有利于提高雏鸭成活率。供水 1～2 小时后开食。

供给雏鸭的饮用水必须清洁卫生，无污染，水温应与室温一致，符合国家畜禽饮用水标准。对于使用的水源应定期进行监测，测定大肠杆菌指数和含菌量，按卫生规定，大肠杆菌指数每 1 000 毫升水中不能大于 3 个，每 1 000 毫升水中含菌量不能超过 100 个。另外，水中矿物质的含量应符合饮用的标准。应避免让雏鸭饮用池塘污水或其他不洁净的水。平时没有必要给雏鸭饲喂糖水或在雏鸭饮水中添加消毒药（如高锰酸钾等）、抗生素和其他兽药等。

45. 为什么说配合饲料是饲喂雏鸭的理想饲料？

配合饲料指根据动物的不同生长阶段、不同生理要求、不同生产用途的营养需要以及以饲料营养价值评定的试验和研究为基础，按科学配方把不同来源的饲料，依一定比例均匀混合，并按规定的工艺流程生产以满足各种实际需求的混合饲料。

肉用雏鸭配合饲料充分考虑了雏鸭阶段的消化生理、新陈代谢、生长发育和营养需求特点，结合饲料原料的营养成分，互相搭配，取长补短，使其所提供的各种养分完全能满足雏鸭营养需要所规定的数量，最大限度地提高饲料的营养价值，充分发挥雏鸭生长发育的潜力，缩短生长周期，以最小的饲料成本，获得最佳的饲喂效果。另外，配合饲料安全健康、使用方便，节省鸭场设备和劳力，有利于采用机械化、半机械化或自动化大规模的饲养，是现代化畜牧生产高速度、高效益、可持续发展的重要保证。有条件的鸭场应尽量饲喂配合饲料。

46. 应采取何种方法饲喂雏鸭?

雏鸭的消化机能不健全，表现为消化道较短、肌胃容积小、收缩力不强、腺胃分泌胃酸和胃蛋白酶的能力弱、肠道内消化酶的活性低，对饲料的消化能力弱。因此，应给雏鸭饲喂容易消化的饲料。雏鸭一般采用自由采食方式饲喂，因为雏鸭具有自我调节采食量的能力，一般不会过量采食。只有在长期缺水、断料情况下，突然给雏鸭先提供饲料，后提供饮水，雏鸭可能因为采食后过量饮水而造成消化不良死亡。因此，饲喂雏鸭的原则是少喂料、勤添料、随吃随加，既保证雏鸭吃饱，又不浪费饲料。

雏鸭的饲喂次数和饲喂量应根据雏鸭的日龄和消化情况而定，如果喂食次数少，雏鸭饥饿时间长，会影响雏鸭的生长发育。一般来讲，1 周龄内每昼夜至少喂料 6～8 次，每次喂料时盘内没有剩料，做到次次喂新鲜料；2 周龄后，每昼夜喂料 6 次，3 周龄后每昼夜喂料可以减少到 5 次，随着雏鸭生长发育，运动量增加，采食量提高，饲喂量应相对同步增加。但以每次喂料前 1 小时盘内无剩料为宜，尽量减少饲料的浪费。如果发现喂料后只需 2～3 小时就已吃完，就应适当增加饲料用量；反之应适当减少饲料用量。始终保持适当的断料时间，以确保鸭的采食高峰，促进雏鸭的生长。

47. 育雏期肉鸭在饲养管理过程中应注意哪些问题？

育雏期肉鸭代谢旺盛、相对生长速度快，但各器官组织结构发育还不健全，特别是雏鸭对环境温度变化敏感，抵抗寒冷的能力差，抗病能力较低，易感染多种疾病。在育雏期应注意如下问题：

（1）育雏前应彻底清理育雏舍，将舍内的地面、墙壁、顶棚、水槽（饮水器）、料槽等清扫、冲洗干净，选用 10%～20% 的石灰乳喷洒消毒或福尔马林熏蒸消毒，喂料和饮水用具洗净后用漂白粉消毒或在烈日下晒干备用，垫料应干燥、无霉烂。

（2）育雏舍应干燥保暖，清除鼠害，并准备好所需的用具、设备、饲料、药品、疫苗等。

（3）进雏后应先饮水，后开食。早饮水，早开食。饮用水必须符合国家畜禽饮用水标准要求。切忌为雏鸭提供被污染的饮用水。应为雏鸭提供营养全面的、容易消化的优质颗粒饲料。

（4）应特别注意育雏期的温度要求。育雏舍内的温度是否适宜，应以雏鸭的行为表现作为判断标准。雏鸭在能够活动的范围内均匀分布，表明育雏舍温度适宜。

（5）保持育雏舍空气新鲜。在冬季，要妥善处理通风与保温的关系。雏鸭垫料应保持松软、清洁、干燥，并及时更换。

（6）应按照制定的免疫程序，按时为雏鸭注射疫苗。育雏舍和育雏用具应定期消毒。

（7）及时分群与合理的饲养密度，雏鸭群过大不利于管理，环境条件不易控制，易出现惊群或挤压死亡，所以为了提高育雏率，进行分群管理，每群 300～500 只为宜。适宜的饲养密度是地面平养第 1 周龄为 15～20 只/米²，第 2 周龄为 10～15 只/米²，第 3 周龄为 7～10 只/米²；网上饲养为第 1 周龄为 25～30 只/米²，第 2 周龄为 15～25 只/米²，第 3 周龄为 10～15 只/米²。

48. 生长期肉鸭在饲养管理方面有哪些要求？

生长期肉鸭羽毛、骨骼和肌肉生长发育迅速，个体增重非常快，需要大量营养物质，采食力强，运动量大，饲养管理时需注意如下方面：

（1）适时分群　由于生长期肉鸭特别容易惊群，惊群后鸭群的运动量非常大，在舍内常相互践踏、碰撞，容易引起掉毛、碰伤、翼羽轴折断、出血等伤害。所以，需扩大鸭舍面积，疏散饲养，或分群饲养。群体大小以 1 000～1 500 只为宜，提供足够的饮水槽和食槽，保证肉鸭能进行正常饮水和正常采食。

（2）密度适宜　生长期肉鸭的生长速度极快，每只每天的体增重平均能达到 100 克，从第 3 周龄到第 5 周龄，肉鸭体重将从 700 克左右增加到 2 800 克左右。饲养密度过大能显著降低肉鸭的生长速度和饲料转化率，并增加死淘率。因此，舍内饲养密度将从 10 只/米^2 减少到 5～6 只/米^2（地面平养）或 7～8 只/米^2（网上饲养），夏天气候炎热时，进一步减少到不超过 4 只/米^2 或 6 只/米^2 为宜。

（3）营养平衡　饲料中缺乏蛋白质或蛋白质品质低、或缺乏蛋氨酸易导致肉鸭啄羽，降低生长速度，提高饲料转化率，降低胴体品质。因此，在生长期肉鸭配合饲料中，应含有丰富的、易消化的优质蛋白质，并添加充足的蛋氨酸。

（4）饲料形式　最好使用颗粒料，一般采用自由采食方式饲喂，应保证料槽经常有洁净的饲料；如果是粉料，则加水拌湿后定期饲喂，要求新鲜，防止饲料变质、发霉，应坚持少喂勤添，每日最少饲喂 4 次。肉鸭饲喂量为每只每日 200～250 克。

（5）环境清静　对于活泼好动的生长期肉鸭，必须具有清洁卫生的僻静场所，在其饱食后能够梳毛和休息。鸭场周围安静、饲养员固定、动作缓慢轻柔、轻声慢语，都能降低鸭群的易惊性。

（6）疫病防控　按要求定期消毒，防止传染病的发生，特别是传染性浆膜炎。

49. 如何对育肥期肉鸭进行饲养管理？

快大型肉鸭的 6～7 周龄阶段称为育肥期。在此阶段，肉鸭的生长速度降低，日增重下降，胸肌仍持续性生长，相对生长加快，皮下脂肪增加。肉鸭的采食量增加，适应性、抗病能力增强。饲养管理时应注意：

（1）饲养密度　育肥期北京鸭的适宜饲养密度为 3 只/米^2，室外运动场的适宜密度为 2 只/米^2，适宜环境温度在 13～25℃。育肥期肉鸭最好进行分群饲养，群体大小以 1 000～1 500 只为宜。鸭舍宜用 0.5 米高的篱笆墙分隔，每栏面积 300 米^2 左右。每栏提供 20 米长的饮水槽和足够的食槽，保证肉鸭能进行正常饮水和正常采食。

（2）饲养环境　鸭舍内地面和垫料要求干燥，禁止使用发霉垫料。鸭舍内应保持良好的通风环境，保证空气新鲜。应采取有效措施，预防霉菌病和其他细菌病（大肠杆菌、浆膜炎等）的发生。

（3）饲料营养　育肥期肉鸭的饲料可用颗粒料或粉料。颗粒料一般采用自由采食方式饲喂，应保证料槽经常有洁净的饲料。粉料加水拌湿后定期饲喂，要求新鲜，防止饲料变质、发霉，应坚持少喂勤添，每日最少饲喂 4 次。育肥期肉鸭的采食量为每只每日 250～300 克，饲料的能量水平应达到 12.12 兆焦/千克、蛋白质水平应达到 16.5％以上。

（4）光照　育肥期肉鸭一般采用 24 小时光照。白天自然光照，夜间弱光照，折合照明用灯泡的功率为 1～2 瓦/米^2。弱光照有利于肉鸭自由活动、自由采食。

（5）休药　为保证肉鸭安全健康，禁止在育肥期添加和饲喂任何药物和添加剂，以免造成鸭肉产品中药物残留，影响产品品质。

50. 饲养肉鸭为何要坚决实行"全进全出"制度？

"全进全出"是指在同一栋鸭舍或在同一鸭场只饲养同一批次、同一日龄的肉鸭，同时进场、同时出栏的管理制度。"全进全出"分三个级别：一是在同一栋鸭舍内"全进全出"；二是在鸭场内的一个区域范围内实行"全进全出"；三是整个肉鸭场实行"全进全出"。

实行"全进全出"的优点主要表现在如下几方面：

（1）能有效控制鸭病　全场肉鸭饲养施行"全进全出"，在肉鸭出场后，能彻底打扫卫生、清洗、消毒，切断病原的循环感染，保证鸭群健康。便于控制和消灭全场疫病和各种疾病，避免不同日龄鸭群发生疫病交叉感染，提高肉鸭的成活率和出栏率。

（2）便于饲养管理　整栋或整场都饲养相同日龄的肉鸭，雏鸭同时进场，温度控制、饲料配制与使用、免疫接种、市场销售、设备管理调度、消毒、清洁卫生等工作都变得单一，容易操作。既保证了肉鸭健康生产，又减轻了工人的劳动强度。

（3）保证肉鸭品质　由于在进雏时和饲养过程中考虑了不同生长速度快慢的鸭只分开单独饲养，所以在出场销售时，鸭只体重大小、外形基本一致，同时减少了捉拿鸭只时的应激反应，肉鸭品质得到保证。

51. 如何让肉鸭安全度夏？

夏季炎热潮湿，环境温度高，容易造成肉鸭体热散发困难，进而引起热应激反应，造成肉鸭的采食量降低，生产性能下降，又极易使鸭舍粪便腐烂发酵、滋生病原微生物、诱发疫情疾病。因此，夏季肉鸭的饲养管理工作应注意以下几点：

（1）减少环境受热　鸭舍四周敞开，让空气对流以加强鸭舍内通风，并配合使用风扇（风机）来加大通风量降低舍内温度，加快鸭体蒸发带走热量，从而降低鸭的体温，同时保持舍内空气新鲜；有条件的鸭场可以在鸭棚的顶部加盖一层反光的隔热层或将棚顶涂成白色，减少太阳辐射；在鸭场的运动场上加一层遮阳网或周边栽培绿色植物以减少阳光照射；还可以采取棚顶喷水、舍内喷水雾化的降温措施。

（2）降低饲养密度　夏季气温高，饲养密度过大会造成拥挤、堆压、积温、闷圈而引发各种疾病。因此，夏季养鸭应适当降低饲养密度，并增加食槽和水槽数目。一般可以按照减少原饲养密度的 20% 并增加原料槽和水槽的 30% 来操作。

（3）调整饲料配方　为了减轻蛋白质在体内降解利用所带来的体增热负担，可以添加适量脂肪来替代部分碳水化合物，通过添加日粮中的各种必需氨基酸，创造合理的蛋白质模式，保证蛋白质水平；由于采食量下降，而鸭体排泄的钠、钾增加，为保证营养摄入均衡，需要提高矿物质与维生素的添加水平。

（4）保证饲料新鲜　在高温、高湿期间，饲料放置过久或饲喂时在料槽中放置时间过长均会引起饲料发酵变质，甚至出现严重霉变，导致鸭中毒。因而夏季应少量多次采购饲料，以 1 周饲料储备量为宜，保证饲料新鲜。在饲喂时清理干净料槽中上次未吃完的饲料残留后，添加新鲜饲料。

（5）优化喂料时间　由于白天天气炎热，肉鸭的食欲下降，采食量减少。若改在清晨和夜间 20：00～22：00 较凉爽的两时间段进行饲喂，可达到正常的采食量。白天高温时间不喂料或少喂料，尽量减少肉鸭的活动，让鸭多休息，可以避免高温对采食的影响。

（6）改变饲养模式　网上饲养可以避免肉鸭与粪便的接触，

减少疾病传播的机会，降低发病率，而且网养可以减少鸭群的运动，降低鸭的营养消耗及产热量，有利于夏季鸭的健康成长。若采用地面养鸭时，最好不用厚垫料，后期应采用水泥或砖地饲养，并增加清粪次数，可以有效缓解气温升高带来的影响。

（7）添加维生素、矿物质及抗应激药物　夏季天气炎热，鸭体排泄的钠和钾增加，由于喘息的频率增加，血浆中的二氧化碳浓度下降，有可能出现呼吸性碱中毒。因此，在日粮或饮水中，补加额外的钠和钾，以及在饮水中补加碳酸盐均有利于维持电解质平衡，如在饲料中添加 0.1%～0.5% 碳酸氢钠可有效减轻热应激。适当增加电解多维的使用量，在每千克饲料中添加 100～200 毫克维生素 C，有利于减轻热应激对鸭机体的不利影响，同时可避免饲料中的营养物质在高温、高湿季节的氧化。还可在炎热时适当添加薄荷、藿香等中草药来缓解热应激带来的影响，防止中暑。

（8）做好清洁卫生与日常消毒　夏季天气炎热，各种病菌都处于最活跃的时期，因此，应充分做好清洁卫生与消毒工作，防止苍蝇、蚊子滋生，使鸭群免受病害的侵袭和虫害骚扰，确保肉鸭安全度夏、育肥，如及时清除鸭粪，保持鸭舍干燥，喷药杀灭蚊虫，经常清洗消毒饮水器及料槽，定期（如 1 次/2 天）用百毒杀等消毒剂对鸭舍进行带鸭消毒。

（9）保持环境安静　夏季炎热时期，要避免突然的惊吓和噪声干扰鸭群，以使鸭群活动量降低到最低，加速育肥，缩短饲养周期，提高饲养效益。

（10）定期免疫接种　夏季温、湿度都比较高，正适宜微生物的生长、发育和繁殖，制定合理的免疫程序，及时做好疫病的免疫接种和疾病防控工作，是保证鸭群健康的必要条件。

52.　如何让肉鸭平安过冬？

冬季天气寒冷，鸭群极易受到冷应激而导致生产性能下降，抵抗能力降低，易诱发疫病，因此应加强肉鸭冬季饲养管理。

（1）防寒保暖　鸭虽为水禽，有较强的抗寒能力，但育雏期的雏鸭，其抗寒能力较弱，正常生长发育需要一定的温度环境。1～3日龄32～28℃，4日龄后每天降1℃，一直降到20℃左右，最低为15℃。如果育雏期温度不够，雏鸭会出现发育不良、缩颈、发抖或打堆，造成最下层的雏鸭被挤压、窒息而大量死亡。随着肉鸭日龄的增加，其抗寒能力日益增强，但也要注意适时采取保温措施。应检查门窗、墙壁或屋顶的漏洞是否全部封严，加挂草苫子或毛毡或帘子，减少鸭舍内的热量散发；鸭舍内垫料勤换，保持干燥，有利于鸭舍内保温；防止穿堂风、贼风直接吹到鸭身上，减少鸭体热量散失；棚舍内安装取暖灯（保温灯）或火炉供热，维持棚舍内适宜的温度。需注意：舍内温度不可忽高忽低，前期一天黑白温差不超过5℃，随着日龄增加需降温时需逐渐变换，中后期温差不超过7℃。

（2）通风换气　冬季必须保持舍内温度适宜同时，须做好通风换气工作，否则会严重影响肉鸭的生长发育。通风换气应根据风力、天气、气温、舍内空气质量、日龄与健康状况确定开启通风口的次数、大小和方向。基本原则是：饲养前期以保温为主，兼顾通风；饲养后期以通风换气为主，兼顾保温；在能保证温度的前提下，尽量通风：早晚天气冷时小敞通风口或不开，中午时逐渐大敞；有风时小敞，无风时逐渐大敞。当进入鸭舍感觉气味刺鼻时，必须敞开通风口，排出舍内有害气体，让新鲜空气流入舍内。注意通风换气前要将舍温提高2～3℃。还可以应用通风排气设备加强通风换气。

（3）防潮防湿　鸭舍内相对湿度应控制在1～2日龄为80%，3～7日龄为60%～80%，14日龄后为50%～60%。相对湿度过高易诱发球虫病、肠炎、大肠杆菌病等疾病，相对湿度过低，会影响生长发育。防止相对湿度过高的方法是及时清除粪便，勤换勤添垫料，防止地面潮湿，保持环境的清洁、干净。防止相对湿度过低的方法是在火炉上放置水壶，让水沸腾蒸发水分，或结合带鸭喷雾消毒。

（4）预防冬季常发病　啄羽、瞎眼、瘫痪、腹水、夜间猝死、呼吸道感染。

（5）其他　常规免疫接种、适宜的饲养密度、合理的光照、适当运动、合理营养等。

53. 肉鸭填饲有何优点？

人工填饲即是人为地强制地给肉鸭喂饲大量高能量饲料，使其在短期内快速增重育肥。这种方法比一般的育肥方法（放牧育肥法、舍饲育肥法）缩短二分之一的时间，可节省饲料，提高经济效益。而且填饲的肉鸭体重可快速增加，并大量积聚脂肪层，特别是肌间脂肪和皮下脂肪分布丰富，使肉质肥美，柔嫩多汁，最宜制作烤鸭，因而经济效益显著。北京鸭经人工填肥后制作烤鸭已有数百年历史。

填肥鸭是在中雏鸭饲养到 4～5 周龄、体重在 1.7 千克以上时，转入强制育肥阶段，一般经 10～15 天填饲期后，体重可达到 2.6 千克以上即可上市。填饲过早，易造成伤残、瘫痪甚至死亡；填饲过晚，耗料多，生长速度慢，不划算。

54. 如何进行肉鸭的人工填饲？

人工填饲分为手工填饲和机械填饲。家庭小规模饲养多采用手工填饲，大规模饲养多采用机械填饲。手工填饲时，先将混合料加水拌匀，使之软硬适度，再用手搓成长 4～6 厘米、粗 1.5～2 厘米的两端钝圆的"填条"，每千克饲料约制作 60 枚。填喂时，操作人员坐在小凳上，将鸭固定在两腿之间，用左手大拇指和食指捏住上喙撑开鸭嘴，中指压住鸭舌的前部，其余两指托住下喙，右手将填条蘸水后塞进口腔顶入食道填下即可，直到填入所需要的量为止。

机械填饲时，左手抓住鸭的头部，掌心紧靠鸭的后脑，食指和拇指扣压在喙的基部，打开鸭口，中指伸进喙内压住鸭舌，小心将胶管准确地伸入食道膨大部，同时用右手托住鸭的颈胸结合部，将鸭颈部拉直、鸭体放平，使胶管与鸭体在同一轴线上，用左脚踩开关，将饲料压进食道，当右手感觉到有饲料进入时，很快将鸭往后退，同时使鸭头慢慢由填喂管退出，直到饲料喂到比喉头低 1~2 厘米时即可离开脚踏开关。其后，左手握住鸭颈部饲料的上方和喉头，很快将鸭嘴从填喂管取出。为了不使鸭吸气（否则会使饲料进入喉头，导致窒息），操作者应迅速用手闭住鸭嘴，并将颈部垂直地向上提，再以右手指和拇指将饲料往下捋 3~4 次。

采用填饲机的操作技术要领是：鸭体平、开嘴快、压舌准、插管适宜、进食慢、撤鸭快。

55. 肉鸭人工填饲应注意哪些事项？

肉鸭在填喂育肥期间，需消化填入的饲料，生长迅速，沉积脂肪，生理机能处于十分特殊状态。因此加强管理显得极为重要。应特别注意以下事项：

（1）保证饲料营养与质量　进入填饲期的中雏鸭尚处于发育未成熟阶段。因此，填肥饲料的蛋白质水平不应过低，否则，营养不平衡不仅影响肉鸭生长发育，还会使抗逆力减弱，容易形成"脂肪肝"或瘫痪。填肥鸭的营养水平以代谢能 12.14~12.56 兆焦/千克、粗蛋白质 14%~15% 为宜，注意矿物质特别是钙、磷含量及适当比例，并保证饲料新鲜、无霉变。

（2）填喂定时、适量　一昼夜填喂 3 次，每 8 小时填 1 次。

每次填喂前后检查消化情况，一般填饲后 6～7 小时饲料基本消化，如触摸腹部感觉仍有滞食，表明消化不良，应暂停填喂或少喂，并在饮水中加入 0.3% 的小苏打。

（3）循序渐进，逐渐加量　填饲量随填饲日龄的增加和消化情况逐渐增加，切忌突然猛增。在填饲的最初几天，肉鸭因由采食改为强迫填食，可能不太适应，不宜填喂太饱，以防止造成食滞疾病，待鸭习惯后，即可逐日增加填喂量。

（4）填喂后及时供给充足的清洁饮水，进行适当放水和运动，以帮助消化，增强体质，防止出现残鸭。

（5）保持鸭舍清洁卫生、通风良好、环境安静以及光线暗淡。

56.　放牧肉鸭有哪些特点？

（1）投资少，成本低　放牧养鸭只需简易的鸭棚。其投资部分主要包括鸭苗和放牧补饲的饲料成本。其最大优点是可以充分利用农作物收割后田里的遗粒、杂草、昆虫等作为饲料，减少精料的饲喂量，还可以利用农村闲散劳动力或半劳动力进行饲养，大大降低了养鸭成本，增加了经济收入。

（2）农牧结合，季节性生产　放牧型肉仔鸭的生产与当地农作物的栽播收割时间紧密相关，形成明显的季节性生产和销售。可在每年的 2 月份开始孵抱鸭苗，3 月份放养春水鸭，5 月份下旬肉仔鸭陆续上市，6 月份放养秋水鸭，9～11 月份为全年肉仔鸭上市销售的高峰期，形成产销旺季。

（3）生态养殖，鸭肉品质高　放牧养鸭充分利用自然环境、水体环境、空间和田地的籽实、青绿植物和昆虫等天然饲料资源，呼吸户外新鲜空气，运动量大，活动采食自由，鸭瘦肉率高，肌间脂肪分布多而均匀，肉嫩多汁、口味好，符合健康安全饮食标准。

57. 放牧肉鸭如何进行补料？

为补充放牧期间肉鸭对能量的需求和蛋白质采食量相对不足，特别是采食的能量不足，须对放牧鸭适时补饲，以提高放牧肉鸭的生长速度，缩短饲养期。雏鸭放养从 4 周龄开始，每天补饲 2～3 次，按早上半饱晚喂足的原则确定补饲量，并逐减喂饲次数和数量，促使鸭自由采食。随着雏鸭的生长，可根据放养鸭啄食粮食遗粒、杂草、野菜、昆虫等情况决定放养鸭的补饲。以放养为主期间，晚上回舍棚后进行补饲，并备足饮用水。补料可按代谢能 11.72～12.4 兆焦/千克，粗蛋白质 18%～19% 进行组方配制。

58. 放牧肉鸭时应注意哪些问题？

放牧肉鸭可以充分利用天然的饲料，有效降低养殖成本，提高鸭肉品质，增加经济收入。在进行放牧养鸭时，应注意如下问题：

（1）天然牧草的季节性很强，不利于常年放牧养鸭。因此，养鸭户应根据季节变化和牧草资源情况，确定适宜的养鸭时间，包括育雏时间、放牧时间、补饲时间等。

（2）放牧应选择不使用农药的稻田、草场进行，防止鸭中毒；在稻田和草地施药期间，禁止放牧。经过一定时间的安全隔离期后，再下田放牧。

（3）在田间建造简易鸭舍时，应考虑防止鼠类侵害，特别是刚开始放养不久的雏鸭。

（4）在发生过鸭传染病的地方或在病鸭走过的地方，以及被矿物油和企业排放的有害污染物污染的水面、稻田，不应放牧，以确保肉鸭的健康和安全性。

（5）在放牧饲养肉鸭的同时，应补饲营养丰富的配合饲料，以提高放牧肉鸭的生长速度，缩短饲养期。

（6）放养肉鸭还应避免鸭走远路、走烫路、扑翼急行、逆水放牧、烈日下放牧。

59. 放牧肉鸭什么季节育雏好？

为了充分利用不同季节的自然饲料资源，提高经济收益，需考虑育雏的季节。按育雏季节分为头水鸭、夏水鸭和秋水鸭 3 种，一般来说，以饲养头水鸭为好，夏水鸭次之，秋水鸭较差。

（1）头水鸭　在清明至谷雨期间育雏。雏鸭出壳，舍饲七八天后，赶入翻耕后的绿肥田、油菜田、蚕豆田，以及绿肥田种田里，让它们觅食田里的蚯蚓、小鱼、小虾和昆虫等天然动物饲料。到收获早稻时，蛋肉兼用型鸭，可利用"双抢"和一季稻收获时田间落谷和虫子多的大好时机，催肥出售。

（2）夏水鸭　在种双季稻的地方可于芒种到夏至期间育雏，在只种一季稻的地方应于小暑前后育雏。夏季也是孵育雏鸭的黄金季节，夏水鸭雏鸭出壳后先在舍内饲养几天，再分别赶入早稻和一季稻田放牧。这样，雏鸭不仅有一个月左右的时间在收割后的稻田里吃落谷，而且此时天气温暖，农田一般都不使用农药、化肥，对鸭的生长非常有利。同时，夏水鸭补料少，疾病和兽害也都较少，成活率高，一般可达 98％以上。

（3）秋水鸭　在立秋以后育雏。雏鸭可以充分利用双季稻田放牧，在一季稻、双季稻田吃落谷和虫子。此后，可在沙滩、塘坝、沟渠等处放牧，让其啄食野生草籽、螺、小鱼、小虾等。肉用鸭和兼用鸭在稻田吃完落谷后，可继续补饲催肥，至年底即可上市，经济效益也不太低。

俗话说："春季养鸭可赚钱，夏季养鸭可还本"。春季育雏所存在的问题是气温不稳、寒潮频繁，而且雨水过多，雏鸭比较难养。但实践证明，春季孵育出的雏鸭只要注意保暖防湿，加强饲养管理，饲养问题并不大。

60. 肉鸭饲养到什么时间出售最佳？

在正常的饲养管理条件下，商品肉鸭的生长发育较快，4周龄时即可达2千克以上，但6周龄前肉鸭个体较小，皮脂率较低，胸肌重不足，羽绒较少而未达到成熟。6～7周龄时的肉鸭已达到3.0～3.5千克，羽毛也基本长齐，胸、腿肉分割率提高，饲料报酬较高。7周龄后肉鸭的绝对增重急剧下降，饲料报酬低，8周龄后肉鸭进行第二次换毛，既影响商品外观，又消耗大量饲料。因此，肉鸭饲养到6～7周龄、体重达3千克以上、羽毛基本长齐时上市，获得的经济效益较高。另外，还应考虑销售市场的需求来综合决定。如果是针对重庆、成都、云南等市场，由于消费水平和消费习惯的变化，出现大型肉鸭小型化生产，大型商品肉鸭的上市体重要求在1.5～2.0千克，一旦达到上市体重，应尽快出售。肉鸭胸、腿肌属于晚熟器官，7周龄胸肌的丰满程度明显低于8周龄，如果用于分割肉生产，则以8～9周龄上市最为理想。

61. 出售肉鸭时应注意哪些事项？

（1）每批肉鸭达到上市标准前的一周就应该着手了解肉鸭市场信息，如远近市场的价格、运输的方式、需求的数量等，以制订肉鸭销售的最佳方案，包括销售时间、销售数量、销售价格、上门捕捉时的出厂价格及运输至市场销售时的上市价格、运输方式等。

（2）销售时尽可能做到同批日的肉鸭一次捕捉上市。因为多次、分批捕捉会对肉鸭群造成多次强烈应激，引起肉鸭采食量下降、体重减轻，从而影响肉鸭的经济效益。

（3）在肉鸭出栏时禁止鸭贩子等专业人员出入鸭舍，而应由本场职工捕捉并装运上市。因为那些鸭贩子经常往来于各个鸭场之间，极有可能成为一些病原菌的传播者。为避免不必要的损失，切断病原菌的传播渠道，用于肉鸭运输的车辆、工具等在进入鸭舍、鸭场前，必须严格清洁消毒。

（4）出栏前 1 周左右，应按药物使用规定，停喂一切药物（或按照药物规定的休药期执行）；出栏前 4 小时将不再添加饲料，但保持饮水供给充足。

（5）出栏时，每次赶鸭的只数不要超过 200 只，并严禁用脚踢、用硬物赶及用手摔，动作平缓，声音轻柔，装卸时抓握鸭的颈部，一只手只能抓 1~2 只鸭，同时应轻抓轻放，以免相互鸭只拥挤、碰撞，造成鸭体损伤。

（6）出栏时夏季在清晨或夜晚进行，装笼后可向鸭体喷水降温。冬季出栏宜在中午进行。捉鸭时保持鸭舍光线暗淡，让鸭群处于安静状态，但可使用红色灯泡照明。捉鸭时将舍内所有器具移走，并围隔成小栏，防止压死或机械损伤。装鸭的运输笼尽量靠近家禽舍，减少抓握鸭后走动时间长导致肉鸭挣扎受伤。每笼装鸭不应太挤。

（7）在出栏前，有条件的可以让鸭下水洗浴，以保持羽毛的清洁光亮，提高商品外观质量。

六、肉鸭的营养需要量

62. 什么是肉鸭的营养需要量和饲养标准？

肉鸭的营养需要量是指肉鸭在维持正常生命活动、生长时所需要的各种营养物质的量，包括水、能量、蛋白质、氨基酸、维生素、各种矿物质元素等。营养需要量分为维持需要量和生产需要量。维持需要量是肉鸭维持正常生命活动、不进行任何生产所需要的营养物质的量。生产需要量指肉鸭从事生长、产肉、产羽绒所需要的营养物质的量。

肉鸭的饲养标准是根据肉鸭的品种、性别、日龄、生理特点、生长阶段、生产目的与水平、饲养条件等因素，科学归纳肉鸭所需要的能量和各种营养物质的数量，形成具有高度科学性和系统性的数据指标，即为饲养标准。饲养标准是根据科学的能量代谢试验、饲养试验和生产实践积累的经验总结制定的，具有很强的科学性、实用性和可操作性，对肉鸭实际生产发挥指导性的作用。但是在肉鸭生产实践中不能将饲养标准看作是一成不变的规定，因为肉鸭的营养需要受到品种、遗传基础、日龄、性别、生理状态、生产水平、环境条件等诸多因素的影响，所以在饲养实践中应将饲养标准作为指南来参考，因地制宜，灵活加以应用。

饲养标准种类繁多，大致可以分为两类，一类是国家规定和颁布的饲养标准，称为国家标准，如我国的饲养标准、美国NRC饲养标准和英国ARC饲养标准等；另一类是一些大型育种公司根据各自培育的优良品种或品系的特点，制定的符合该品种或品系营养需要的饲养标准，称为专用标准，从国外引进的品种包括这方面的资料。

6 个品种肉鸭营养需要量如下：

（1）商品代北京鸭　根据其生长发育及生产性能特点，将其饲养期分为育雏期（0～2 周）、生长期（3～5 周）、育肥期（6～7 周，包括自由采食与填饲）3 个阶段，各阶段的营养需要量见表 1。

（2）北京鸭种鸭　根据其生长发育及生产性能特点，将其饲养期分为育雏期（0～2 周）、育成前期（4～8 周）、育成后期（9～22 周）、产蛋前期（23～26 周）、产蛋中期（27～45 周）和产蛋后期（46～70 周）6 个阶段，其各阶段的营养需要量见表 2。

（3）番鸭　根据其生长发育及生产性能特点，将其饲养期分为育雏期（0～3 周）、生长期（4～8 周）、育肥期（9 周至上市）、种鸭育成期（9～26 周）和种鸭产蛋期（27～65 周）5 个阶段，其各阶段的营养需要量见表 3。

（4）肉蛋兼用型肉鸭　根据其生长发育及生产性能特点，将其饲养期分为育雏期（0～3 周）、生长期（4～7 周）、育肥期（8 周至上市）3 个阶段，各阶段的营养需要量见表 4。

（5）肉蛋兼用型种鸭　根据其生长发育及生产性能特点，将其饲养期分为育雏期（0～3 周）、育成前期（4～7 周）、育成后期（8～18 周）、产蛋前期（19～22 周）、产蛋中期（23～45 周）和产蛋后期（46～72 周）6 个阶段，其各阶段的营养需要量见表 5。

（6）樱桃谷肉鸭　营养需要量见表 6。

表 1　商品代北京鸭营养需要量

营养指标	育雏期 0～2 周	生长期 3～5 周	育肥期 6～7 周	
			自由采食	填饲
鸭表观代谢能，兆焦/千克	12.14	12.14	12.35	12.56
粗蛋白质，%	20.0	17.5	16.0	14.5

（续）

营养指标	育雏期 0~2周	生长期 3~5周	育肥期 6~7周	
			自由采食	填饲
钙,%	0.90	0.85	0.80	0.80
总磷,%	0.65	0.60	0.55	0.55
非植酸磷,%	0.42	0.40	0.35	0.35
钠,%	0.15	0.15	0.15	0.15
氯,%	0.12	0.12	0.12	0.12
赖氨酸,%	1.10	0.85	0.65	0.60
蛋氨酸,%	0.45	0.40	0.35	0.30
蛋氨酸＋胱氨酸,%	0.80	0.70	0.60	0.56
苏氨酸,%	0.75	0.60	0.55	0.50
色氨酸,%	0.22	0.19	0.16	0.15
精氨酸,%	0.95	0.85	0.70	0.70
异亮氨酸,%	0.72	0.57	0.45	0.42
维生素A,国际单位/千克	1 000	3 000	2 500	2 500
维生素D_3,国际单位/千克	2000	2000	2000	2000
维生素E,国际单位/千克	20	20	10	10
维生素K_3,毫克/千克	2.0	2.0	2.0	2.0
维生素B_1,毫克/千克	2.0	1.5	1.5	1.5
维生素B_2,毫克/千克	10	10	10	10
烟酸,毫克/千克	50	50	50	50
泛酸,毫克/千克	20	10	10	10
维生素B_6,毫克/千克	4.0	3.0	3.0	3.0
维生素B_{12},毫克/千克	0.02	0.02	0.02	0.02
生物素,毫克/千克	0.15	0.15	0.15	0.15
叶酸,毫克/千克	1.0	1.0	1.0	1.0
胆碱,毫克/千克	1 000	1 000	1 000	1 000

（续）

营养指标	育雏期 0～2 周	生长期 3～5 周	育肥期 6～7 周	
			自由采食	填饲
铜，毫克/千克	8.0	8.0	8.0	8.0
铁，毫克/千克	60	60	60	60
锰，毫克/千克	100	100	100	100
锌，毫克/千克	60	60	60	60
硒，毫克/千克	0.30	0.30	0.20	0.20
碘，毫克/千克	0.40	0.40	0.30	0.30

注：营养需要量数据以饲料干物质含量 87% 计。来源于《肉鸭饲养标准》（NY/T 2122—2012）。

表 2 北京鸭种鸭营养需要量

营养指标	育雏期 0～3 周	育成前期 4～8 周	育成后期 9～22 周	产蛋前期 23～26 周	产蛋中期 27～45 周	产蛋后期 46～70 周
鸭表观代谢能，兆焦/千克	11.93	11.93	11.30	11.72	11.51	11.30
粗蛋白质，%	20.0	17.5	15.0	18.0	19.0	20.0
钙，%	0.90	0.85	0.80	2.00	3.10	3.10
总磷，%	0.65	0.60	0.55	0.60	0.60	0.60
非植酸磷，%	0.40	0.38	0.35	0.38	0.38	0.38
钠，%	0.15	0.15	0.15	0.15	0.15	0.15
氯，%	0.12	0.12	0.12	0.12	0.12	0.12
赖氨酸，%	1.05	0.85	0.65	0.80	0.95	1.00
蛋氨酸，%	0.45	0.40	0.35	0.40	0.45	0.45
蛋氨酸＋胱氨酸，%	0.80	0.70	0.60	0.70	0.75	0.75
苏氨酸，%	0.75	0.60	0.50	0.60	0.65	0.70
色氨酸，%	0.22	0.18	0.16	0.20	0.20	0.22
精氨酸，%	0.95	0.80	0.70	0.90	0.90	0.95

（续）

营养指标	育雏期 0～3周	育成前期 4～8周	育成后期 9～22周	产蛋前期 23～26周	产蛋中期 27～45周	产蛋后期 46～70周
异亮氨酸，%	0.72	0.55	0.45	0.57	0.68	0.72
维生素A，国际单位/千克	6 000	3 000	3 000	8 000	8 000	8 000
维生素D_3，国际单位/千克	2 000	2 000	2 000	3 000	3 000	3 000
维生素E，国际单位/千克	20	20	10	30	30	40
维生素K_3，毫克/千克	2.0	1.5	1.5	2.5	2.5	2.5
维生素B_1，毫克/千克	2.0	1.5	1.5	2.0	2.0	2.0
维生素B_2，毫克/千克	10	10	10	15	15	15
烟酸，毫克/千克	50	50	50	50	60	60
泛酸，毫克/千克	10	10	10	20	20	20
维生素B_6，毫克/千克	4.0	3.0	3.0	4.0	4.0	4.0
维生素B_{12}，毫克/千克	0.02	0.01	0.01	0.02	0.02	0.02
生物素，毫克/千克	0.20	0.10	0.10	0.20	0.20	0.20
叶酸，毫克/千克	1.0	1.0	1.0	1.0	1.0	1.0
胆碱，毫克/千克	1 000	1 000	1 000	1 500	1 500	1 500
铜，毫克/千克	8.0	8.0	8.0	8.0	8.0	8.0
铁，毫克/千克	60	60	60	60	60	60
锰，毫克/千克	80	80	80	100	100	100
锌，毫克/千克	60	60	60	60	60	60
硒，毫克/千克	0.20	0.20	0.20	0.30	0.30	0.30
碘，毫克/千克	0.40	0.30	0.30	0.40	0.40	0.40

注：营养需要量数据以饲料干物质含量87%计。来源于《肉鸭饲养标准》（NY/T 2122—2012）。

表3　番鸭营养需要量

营养指标	育雏期 0～3周	生长期 4～8周	育肥期 9周至上市	种鸭育成期 9～26周	种鸭产蛋期 27～65周
鸭表观代谢能,兆焦/千克	12.14	11.93	11.93	11.30	11.30
粗蛋白质,%	20.0	17.5	15.0	14.5	18.0
钙,%	0.90	0.85	0.80	0.80	3.30
总磷,%	0.65	0.60	0.55	0.55	0.60
非植酸磷,%	0.42	0.38	0.35	0.35	0.38
钠,%	0.15	0.15	0.15	0.15	0.15
氯,%	0.12	0.12	0.12	0.12	0.12
赖氨酸,%	1.05	0.80	0.65	0.60	0.80
蛋氨酸,%	0.45	0.40	0.35	0.30	0.40
蛋氨酸+胱氨酸,%	0.80	0.75	0.60	0.55	0.72
苏氨酸,%	0.75	0.60	0.4	0.45	0.60
色氨酸,%	0.20	0.18	0.16	0.16	0.18
异亮氨酸,%	0.70	0.55	0.50	0.42	0.68
精氨酸,%	0.90	0.80	0.65	0.65	0.80
维生素A,国际单位/千克	4 000	3 000	2 500	3 000	8 000
维生素D_3,国际单位/千克	2 000	2 000	1 000	1 000	3 000
维生素E,国际单位/千克	20	10	10	10	30
维生素K_3,毫克/千克	2.0	2.0	2.0	2.0	2.5
维生素B_1,毫克/千克	2.0	1.5	1.5	1.5	2.0
维生素B_2,毫克/千克	12.0	8.0	8.0	8.0	15.0
烟酸,毫克/千克	50	30	30	30	50
泛酸,毫克/千克	10	10	10	10	20

（续）

营养指标	育雏期 0～3周	生长期 4～8周	育肥期 9周至上市	种鸭育成期 9～26周	种鸭产蛋期 27～65周
维生素B$_6$，毫克/千克	3.0	3.0	3.0	3.0	4.0
维生素B$_{12}$，毫克/千克	0.02	0.02	0.02	0.02	0.02
生物素，毫克/千克	0.20	0.10	0.10	0.10	0.20
叶酸，毫克/千克	1.0	1.0	1.0	1.0	1.0
胆碱，毫克/千克	1000	1000	1000	1000	1 500
铜，毫克/千克	8.0	8.0	8.0	8.0	8.0
铁，毫克/千克	60	60	60	60	60
锰，毫克/千克	100	80	80	80	100
锌，毫克/千克	60	40	40	40	60
硒，毫克/千克	0.20	0.20	0.20	0.20	0.30
碘，毫克/千克	0.40	0.40	0.30	0.30	0.40

注：营养需要量数据以饲料干物质含量87%计。来源于《肉鸭饲养标准》（NY/T 2122—2012）。

表4　肉蛋兼用型肉鸭营养需要量

营养指标	育雏期 0～3周	生长期 4～7周	育肥期 8周至上市
鸭表观代谢能，兆焦/千克	12.14	11.72	12.14
粗蛋白质，%	20.0	17.0	15.0
钙，%	0.90	0.85	0.80
总磷，%	0.65	0.60	0.55
非植酸磷，%	0.42	0.38	0.35
钠，%	0.15	0.15	0.15
氯，%	0.12	0.12	0.12
赖氨酸，%	1.05	0.85	0.65
蛋氨酸，%	0.42	0.38	0.35
蛋氨酸＋胱氨酸，%	0.78	0.70	0.60

（续）

营养指标	育雏期 0～3 周	生长期 4～7 周	育肥期 8 周至上市
苏氨酸，%	0.75	0.60	0.50
色氨酸，%	0.20	0.18	0.16
精氨酸，%	0.90	0.80	0.70
异亮氨酸，%	0.70	0.55	0.45
维生素 A，国际单位/千克	4 000	3 000	2 500
维生素 D_3，国际单位/千克	2 000	2 000	1 000
维生素 E，国际单位/千克	20	20	10
维生素 K_3，毫克/千克	2.0	2.0	2.0
维生素 B_1，毫克/千克	2.0	1.5	1.5
维生素 B_2，毫克/千克	8.0	8.0	8.0
烟酸，毫克/千克	50	30	30
泛酸，毫克/千克	10	10	10
维生素 B_6，毫克/千克	3.0	3.0	3.0
维生素 B_{12}，毫克/千克	0.02	0.02	0.02
生物素，毫克/千克	0.20	0.20	0.20
叶酸，毫克/千克	1.0	1.0	1.0
胆碱，毫克/千克	1 000	1 000	1 000
铜，毫克/千克	8.0	8.0	8.0
铁，毫克/千克	60	60	60
锰，毫克/千克	100	100	100
锌，毫克/千克	40	40	40
硒，毫克/千克	0.20	0.20	0.20
碘，毫克/千克	0.40	0.30	0.30

注：营养需要量数据以饲料干物质含量 87% 计。来源于《肉鸭饲养标准》（NY/T 2122—2012）。

表5　肉蛋兼用型种鸭营养需要量

营养指标	育雏期 0～3周	育成前期 4～7周	育成后期 8～18周	产蛋前期 19～22周	产蛋中期 23～45周	产蛋后期 46～72周
鸭表观代谢能，兆焦/千克	11.93	11.72	11.30	11.51	11.30	11.30
粗蛋白质，%	19.5	17.0	15.0	17.0	17.0	17.5
钙，%	0.90	0.80	0.80	2.00	3.10	3.20
总磷，%	0.60	0.60	0.55	0.60	0.60	0.60
非植酸磷，%	0.42	0.38	0.35	0.35	0.38	0.38
钠，%	0.15	0.15	0.15	0.15	0.15	0.15
氯，%	0.12	0.12	0.12	0.12	0.12	0.12
赖氨酸，%	1.00	0.80	0.60	0.80	0.85	0.85
蛋氨酸，%	0.42	0.38	0.30	0.38	0.38	0.40
蛋氨酸＋胱氨酸，%	0.78	0.70	0.55	0.68	0.70	0.72
苏氨酸，%	0.70	0.60	0.50	0.60	0.60	0.65
色氨酸，%	0.20	0.18	0.16	0.20	0.18	0.20
精氨酸，%	0.90	0.80	0.65	0.80	0.80	0.80
异亮氨酸，%	0.68	0.55	0.40	0.55	0.65	0.65
维生素A，国际单位/千克	4 000	3 000	3 000	8 000	8 000	8 000
维生素 D_3，国际单位/千克	2 000	2 000	2 000	3 000	2 000	3 000
维生素E，国际单位/千克	20	10	10	20	20	20
维生素 K_3，毫克/千克	2.0	2.0	2.0	2.5	2.5	2.5
维生素 B_1，毫克/千克	2.0	1.5	1.5	2.0	2.0	2.0
维生素 B_2，毫克/千克	10	10	10	15	15	15
烟酸，毫克/千克	50	30	30	50	50	50

（续）

营养指标	育雏期 0～3 周	育成前期 4～7 周	育成后期 8～18 周	产蛋前期 19～22 周	产蛋中期 23～45 周	产蛋后期 46～72 周
泛酸，毫克/千克	10	10	10	20	20	20
维生素 B_6，毫克/千克	3.0	3.0	3.0	4.0	4.0	4.0
维生素 B_{12}，毫克/千克	0.02	0.02	0.02	0.02	0.02	0.02
生物素，毫克/千克	0.20	0.20	0.10	0.20	0.20	0.20
叶酸，毫克/千克	1.0	1.0	1.0	1.0	1.0	1.0
胆碱，毫克/千克	1 000	1 000	1 000	1 500	1 500	1 500
铜，毫克/千克	8.0	8.0	8.0	8.0	8.0	8.0
铁，毫克/千克	60	60	60	60	60	60
锰，毫克/千克	100	100	100	100	100	100
锌，毫克/千克	40	40	40	60	60	60
硒，毫克/千克	0.20	0.20	0.20	0.30	0.30	0.30
碘，毫克/千克	0.40	0.30	0.30	0.40	0.40	0.40

注：营养需要量数据以饲料干物质含量 87% 计。来源于《肉鸭饲养标准》（NY/T 2122—2012）。

表6　樱桃谷肉鸭营养需要量

营养指标		饲料类型				
		种鸭			商品鸭	
		起始期	生长期	产蛋期	起始期	育肥期
能量	代谢能，兆焦/千克	12.14	11.92	11.29	12.13	12.13
	油脂，%	5	4	4	5	5
	纤维素，%	3.5	4.5	4.0	3.5	4.0
	蛋白质，%	22.0	15.5	19.5	22.0	17.5
	赖氨酸，%	1.2	0.7	1.1	1.2	0.85
	蛋氨酸＋胱氨酸，%	0.8	0.55	0.68	0.8	0.7

（续）

营养指标	饲料类型				
	种鸭			商品鸭	
	起始期	生长期	产蛋期	起始期	育肥期
维生素	维生素 A，国际单位/千克	10 000	10 000	10 000	10 000	10 000
	维生素 D₃，国际单位/千克	2 500	2 500	2 500	2 500	2 500
	维生素 E，国际单位/千克	50	50	50	50	50
	维生素 K，毫克/千克	2.0	2.0	2.0	2.0	2.0
	生物素，毫克/千克	0.05	0.025	0.10	0.05	0.25
	烟酸，毫克/千克	75	50	50	75	50
	泛酸，毫克/千克	15	5	15	15	10
	维生素 B₁，毫克/千克	2	2	2	2	2
	维生素 B₂，毫克/千克	10	10	10	10	10
	维生素 B₆，毫克/千克	2	1	2	2	1
	维生素 B₁₂，毫克/千克	0.01	0.01	0.01	0.01	0.005
	叶酸，毫克/千克	2	2	2	2	2
	胆碱，毫克/千克	1 500	1 500	1 500	1 500	1 500
常量元素	钙，最低%	1	0.9	3.5	1	0.9
	有效磷，最低%	0.5	0.4	0.45	0.5	0.42
	钠，最低%	0.18	0.18	0.18	0.18	0.18
微量元素	铁，毫克/千克	20	20	20	20	20
	钴，毫克/千克	1	1	1	1	1
	锰，毫克/千克	100	100	100	100	100
	铜，毫克/千克	10	10	10	10	10
	锌，毫克/千克	100	100	100	100	100
	碘，毫克/千克	2	2	2	2	2
	硒，毫克/千克	0.25	0.25	0.25	0.25	0.25
	亚油酸，%	0.75	0.75	1.1	0.75	0.75

注：来源于《肉鸭饲养标准》（NY/T 2122—2012）。

63. 碳水化合物对肉鸭有何营养作用?

鸭是为能而食的家禽,因此能量是肉鸭维持及生长所需量最大的营养物质,肉鸭能根据日粮能量水平而自动调节采食量。肉鸭饲料成分中,主要有以下三种能源物质:碳水化合物、脂肪和蛋白质,而碳水化合物是肉鸭最主要的能量来源。碳水化合物包括无氮浸出物和粗纤维,是植物性饲料中含量最高的营养成分,在配合饲料中所占比例为 60%～70%。无氮浸出物包括淀粉、双糖和单糖。粗纤维包括半纤维素、纤维素、木质素和果胶。

碳水化合物对肉鸭具有重要的营养作用:

(1) 提供鸭体能量的主要来源 肉鸭为了生命和生存进行的一系列新陈代谢活动所需要的能源主要由碳水化合物特别是无氮浸出物中的淀粉供给,淀粉是最重要的无氮浸出物,在鸭消化道内淀粉分解为葡萄糖后被吸收。葡萄糖在体内可转变为脂肪贮积或氧化分解,释放热能。淀粉易消化,能量转化效率高,是最经济的能源物质。肉鸭生长速度快,代谢旺盛,需要能量较多,必须饲喂含淀粉多的饲料。

(2) 是构成机体组织必不可少的成分 纤维粘连蛋白是基质中一种重要的糖蛋白,是构成胶原纤维和许多结缔组织的重要成分;半乳糖、N-乙酰半乳糖、葡萄糖等是构成神经组织的重要成分;核糖是构成核酸(DNA 和 RNA)的重要成分;葡萄糖参与血糖的构成等。

(3) 转化为脂肪和糖原 碳水化合物在提供肉鸭生命和生存所需的能量外,多余的部分在体内可转变为脂肪贮积(由葡萄糖进行转化),提高增重,改善肉品质,如供给育肥鸭充足的淀粉能有效提高鸭的皮下脂肪含量,也可以转化为肝糖原和肌糖原储备起来备用。当饲料中碳水化合物含量过低,不能满足维持需要时,即开始动用体内储备的糖原和体脂。肝糖原的葡萄糖醛酸具有结合细菌毒素、酒精、砷的作用，具有解毒功能。

（4）改善日粮结构　鸭消化道很短，消化道中没有消化分解纤维素、木质素和果胶的酶，盲肠微生物只能消化部分半纤维素。因此，饲料粗纤维中蕴藏的能量几乎不能被鸭利用。但是粗纤维素能改善日粮结构，刺激胃肠蠕动，有利于粪便排泄，并能防止肉鸭发生啄癖。因此，建议雏鸭日粮粗纤维含量不超过3.0%，生长育肥肉鸭日粮不超过6.0%。日粮粗纤维素含量过高，食物在消化道的后送加快，容易导致养分吸收率降低。

64. **脂肪对肉鸭有何营养作用？**

脂肪根据其结构的不同可分为真脂肪和类脂肪两类。真脂肪是由脂肪酸和甘油结合而成，类脂肪由脂肪酸、甘油与其他元素组成。使用乙醚浸泡饲料所得的乙醚浸出物（除了脂肪以外，还有其他溶于乙醚的有机物如叶绿素、胡萝卜素、有机酸及其他化合物等），称为粗脂肪。

脂肪的营养作用有：

（1）脂肪是肉鸭组织器官的重要成分，在肝脏、脑、神经、血液、肌肉、卵子和精子中均含有脂肪。

（2）脂肪是肉鸭体内贮存能量的最好形式，肉鸭将体内代谢剩余的能量和碳水化合物转化为体脂肪贮存备用。饲料中的脂肪是肉鸭体内能量的重要来源。脂肪的代谢能含量高（36.78兆焦/千克），是淀粉的2.25倍，在代谢能和蛋白质维持在相等水平的条件下，饲料利用率随日粮中添加脂肪水平的增加而直线提高。

（3）作为脂溶性维生素的溶剂　脂肪是维生素A、维生素D、维生素E、维生素K及胡萝卜素的良好溶剂，饲料中添加的脂肪含量不足，可导致脂溶性维生素溶解不够完全，影响维生素A、维生素D、维生素E、维生素K的消化、吸收和利用，容易发生脂溶性维生素缺乏症，影响肉鸭生长发育。

（4）其他　脂肪贮存于皮下、肌肉及填充在肝脏、肠系膜和胃的周围，具有防止体热散发、保护内脏器官的功能；饲料中添加脂肪还可以改善日粮的适口性，降低粉尘；在植物性油脂中，含有丰富的不饱和脂肪酸，如亚油酸等，亚油酸是肉鸭营养上唯一的必需脂肪酸。

脂肪是维持肉鸭正常生长发育所必需的营养物质，饲料中的脂肪是肉鸭体内能量的重要来源。日粮中脂肪供应过多或过少对肉鸭生长发育都不利，脂肪过多，容易引起肉鸭食欲下降、消化不良、腹泻、浪费；脂肪不足会影响脂溶性维生素的吸收利用，肉鸭出现生长发育障碍、皮肤发炎、脱毛、生殖机能衰退等。

65. 蛋白质和氨基酸对肉鸭有何营养作用？

蛋白质是一切生命的物质基础，是鸭体的重要组成成分，保障鸭体正常生长发育和新陈代谢。蛋白质是由 20 多种氨基酸按一定顺序排列组成的、具有一定空间结构和特定功能的生物大分子。饲养中的含氮物质总称为粗蛋白质，是由纯蛋白质（即蛋白质）与氨化物组成，纯蛋白质仅由氨基酸组成，氨基酸主要有赖氨酸、蛋氨酸、色氨酸、异亮氨酸、丙氨酸、亮氨酸、苏氨酸、组氨酸、精氨酸等 20 余种，氨化物主要包括胺、游离氨基酸和铵盐等物质。

蛋白质对肉鸭具有极其重要的营养作用：

（1）是体内一切组织器官的主要组成成分和功能成分，如神经、心血管、消化、泌尿、运动、内分泌、免疫等系统的所有组织器官均以蛋白质为主要成分；各种酶、激素、抗体等也是以蛋白质为主要成分。

（2）体内所有营养物质的载体，氧气、脂肪、糖、矿物元素等营养物质必须与一定结构和形式的蛋白质结合，才能进行转运到达机体的特定器官和组织。

（3）维持肉鸭正常生命活动的营养物质，当肉鸭体内糖和脂肪缺乏时，蛋白质可以氧化分解，释放能量。

（4）其他营养作用　色氨酸可以转化为烟酸，体内多余的氨基酸可以作为能源物质，为机体提供能量。

肉鸭所需要的蛋白质主要用于维持生命和体蛋白的沉积，蛋白质的需要主要取决于肉鸭的生长速度及其对蛋白质沉积能力和蛋白质的利用效率；另外，肉鸭的羽毛生长也是影响其蛋白质的需要量重要因素。若日粮中组成蛋白质的氨基酸模式与肉鸭生长所需的模式相吻合，则肉鸭可以最大限度地利用日粮中的蛋白质，从而可适当降低日粮的蛋白质浓度。因此，为了获得最大增重和最佳饲料报酬，推荐 1～2 周龄肉仔鸭的粗蛋白需要量为17%～21%，2～7 周龄肉鸭的粗蛋白需要量为 13%～18%。当蛋白质和氨基酸不足时，肉鸭生长减慢或停滞；体内免疫球蛋白减少，抗病力降低，体重减轻，甚至死亡。当蛋白质过量时，肉鸭体内易发生尿酸盐沉积，引发痛风，并导致蛋白质浪费，饲料成本提高；另外，粪便中氮排泄量增加，造成严重环境污染。

肉鸭对蛋白质的需要实际上是对组成蛋白质的各种氨基酸的需要，也就是对必需氨基酸和非必需氨基酸的需要。必需氨基酸是指肉鸭体内不能自己合成或者合成速度慢、数量少，不能满足营养需要，必须由饲料提供的氨基酸，主要包括赖氨酸、蛋氨酸、色氨酸、异亮氨酸、丙氨酸、亮氨酸、苏氨酸、组氨酸、精氨酸、缬氨酸、甘氨酸、苯丙氨酸等。植物性饲料常不能满足肉鸭对必需氨基酸的需求，生产实践中，用一般的谷物与油饼类饲料配合日粮时，必需氨基酸中的赖氨酸、蛋氨酸、苏氨酸、精氨酸和异亮氨酸等常不能达到营养需要标准规定的指标，而使蛋白质的营养吸收利用受到限制，因此被称为限制性氨基酸。非必需氨基酸是指在鸭体内可以自己合成、不一定需要由饲料提供的氨基酸。但其中的胱氨酸可以部分替代蛋氨酸，酪氨酸可以部分替代苯丙氨酸，丝氨酸可以部分替代甘氨酸，因此，适当增加饲料中胱氨酸、酪氨酸和丝氨酸的添加量，可以适当节约必需氨基酸的用量。所以，日粮中胱氨酸、酪氨酸和丝氨酸的量往往分别与蛋氨酸、苯丙氨酸、甘氨酸合并考虑。

饲料配方中各种必需氨基酸必须保持平衡，即各种必需氨基酸在数量和比例上同肉鸭的特定生理需要量相符合，能够发挥最佳生产水平，才能体现出蛋白质的最佳营养。无论哪种必需氨基酸过多或者过少而失去平衡，都不能发挥最佳营养效果，而造成其他氨基酸不能被机体吸收利用，白白浪费掉。

常规的蛋白质原料如豆粕、鱼粉、菜籽粕、棉籽粕等均是肉鸭较好的蛋白质来源，但在目前蛋白原料价格上涨的环境下，这些蛋白原料的使用量受到了严格的限制，可选择补充适量的商品氨基酸来满足肉鸭对氨基酸的需要，同时节约饲料成本。1～2周龄肉仔鸭赖氨酸需要量为 0.8%～1.06%，蛋氨酸及含硫氨基酸需要量分别为 0.3%～0.45%，0.6%～0.8%；2～7 周龄肉鸭赖氨酸需要量为 0.7%～0.85%，蛋氨酸及含硫氨基酸需要量分别为 0.3%～0.45%，0.5%～0.7%。色氨酸在肉鸭的日粮中也是相对较缺乏的氨基酸，值得引起重视，为获得肉鸭最佳生长性能和饲料转化率，肉鸭色氨酸需要量应不少于0.23%。

66. 维生素对肉鸭有何营养作用？

维生素是肉鸭体内不可缺少的、对生命活动起调节作用的、一类微量的小分子有机化合物。维生素的功能与体内酶的活性密切相关，参与体内新陈代谢的调节。当缺乏维生素时，肉鸭体内物质与能量代谢紊乱，生长发育速度降低；神经、呼吸、消化、生殖、运动等系统的正常生理功能紊乱；免疫能力下降，抵抗力降低。在应激条件（转群、密度过大、高温、接种疫苗、运输）下，肉鸭对维生素的需要量成倍增长，补充维生素能提高鸭的抗应激能力。

维生素根据其溶解性分为脂溶性维生素和水溶性维生素。脂溶性维生素包括维生素 A、维生素 D、维生素 E 和维生素 K；水溶性维生素包括维生素 B_1（硫胺素）、维生素 B_2（核黄素）、维生素 B_3（泛酸）、维生素 B_6（吡哆醇）、维生素 B_{12}（钴胺素）、维生素 C（抗坏血酸）、烟酸、叶酸、生物素和胆碱。肉鸭体内不能合成脂溶性维生素，必须从食物中获得；鸭盲肠内的微生物能合成一定量的水溶性维生素，但合成量不能满足肉鸭的需要，必须在日粮中补加。在饲料中适量添加一定比例的肉鸭专用维生素预混料，一般可以满足肉鸭对各种维生素的需要。

（1）维生素 A　又称抗干眼病维生素，能够维持肉鸭正常视觉、维护上皮组织细胞的健康和促进免疫球蛋白的合成、维持骨骼正常生长发育、促进生长与生殖，改善产品品质，提高母鸭产蛋率、种蛋受精率和种蛋孵化率。主要存在于动物性饲料中，在鱼肝油中含量最高，在青绿饲料、草粉、黄玉米、胡萝卜中含有少量维生素 A。

（2）维生素 D　又称抗佝偻病维生素，能够促进钙、磷的吸收利用，调控钙、磷代谢，促进骨骼的形成与发育，维持蛋壳的正常厚度与外形，提高种蛋孵化率。

维生素 D 家族成员中最重要的成员是维生素 D_2（麦角钙化醇）和维生素 D_3（胆钙化醇）。肉鸭对维生素 D_3 的利用能力强，其效能比维生素 D_2 高约 40 倍。维生素 D_3 在鱼肝油中含量最多，青绿饲料如苜蓿中的麦角固醇、鸭皮下储存有从胆固醇生成的 7-脱氢胆固醇，受紫外线的照射后，可转变为维生素 D_3。因此，有户外活动的肉鸭可以通过晒太阳足以满足鸭体对维生素 D 的需要，但在舍饲肉鸭必须补充适量的维生素 D。

（3）维生素 E　又称抗不育维生素，能维持鸭正常繁殖机，促进性激素分泌，提高种公鸭的精子质量和母鸭的产蛋率与种蛋品质，维持肌肉和外周血管正常的生理状态，能防止脑软化和肌肉萎缩。而且维生素 E 是自然的、最有效的抗氧化剂，在饲料中，它可保护必需脂肪酸、不饱和脂肪酸、维生素 A 和维生素 D_3、胡萝卜素和叶黄素等营养物质免遭被破坏。在籽实饲料的胚芽中含量丰富，在青绿饲料中含量也较多。

（4）维生素 K　参与体内出血的凝血，使出血快速凝固。肉鸭肠道内的大肠杆菌可以合成维生素 K_2，在青绿饲料、苜蓿粉、大豆、鱼粉和动物内脏中含有丰富的维生素 K_1，人工可合成维生素 K_3、维生素 K_4，作为添加剂使用。

（5）维生素 B_1　又称硫胺素，以辅酶形式参与鸭体内糖类的分解代谢，有保护神经系统的作用；还能促进肠胃蠕动，增加鸭的食欲。维生素 B_1 主要存在于种子的外皮、胚芽发酵产品中，如米糠、麸皮、优质干草粉、酵母粉、发酵饲料中含量很丰富。肉鸭日粮中添加有一定量的豆粕和糠麸时，一般不会出现维生素 B_1 缺乏症。

（6）维生素 B_2　又称核黄素，是机体生物氧化过程中多种酶，特别是黄素酶的组成部分，参与体内蛋白质、脂肪和核酸的代谢，调节细胞呼吸的各种氧化还原过程，对肉鸭的正常生长发育与繁殖功能都有很大影响，维持正常的消化、运动、种蛋的受精率和孵化率等。是维生素 B 族中最易缺乏的一种维生素。维生素 B_2 在米糠、麸皮、优质干草粉、酵母粉、发酵饲料、小麦、大麦。鱼粉、血粉中含量很丰富，但由于化学性质不稳定，易遭受破坏，需注意补充。

（7）维生素 PP　又称烟酸或尼克酸，烟酸在人体内转化为烟酰胺，烟酰胺是辅酶Ⅰ和辅酶Ⅱ的组成部分，参与体内脂质代谢、组织呼吸的氧化过程和糖类无氧分解的过程，促进血液循环，促进消化系统的健康。烟酸主要来源于植物性饲料，以糠、麸皮、发酵饲料、小麦、大麦等中含量丰富，鱼粉、酵母粉等中含量也多。但烟酸大多以多糖复合物形式存在，特别是玉米种的结合型烟酸占烟酸总量的 $85\% \sim 90\%$，而不容易被利用，尤其是雏鸭对天然饲料中烟酸的利用率极低，加之肉鸭对烟酸的需要量较大，约是鸡需要量的 2 倍，容易出现缺乏。建议保持肉鸭日粮中烟酸的含量在 50 毫克/千克饲料左右。

（8）维生素 B_6　又称吡哆素，包括吡哆醇、吡哆醛和吡哆胺。是辅酶 A 的重要组成成分，参与机体糖、脂等转化的多种代谢反应，尤其是和氨基酸代谢有密切关系。谷物、酵母粉、鱼粉等中含量丰富。

（9）维生素 B_{12}　又称钴胺素，氰钴素，是一种由含钴的卟啉类化合物组成的 B 族维生素，主要生理功能是促进红细胞的发育和成熟，使肌体造血机能处于正常状态，预防恶性贫血；作为甲基转移酶的辅因子，参与蛋氨酸、胸腺嘧啶等的合成；维护神经系统功能；保护叶酸在细胞内的转移和贮存；代谢脂肪酸，使脂肪、碳水化合物、蛋白质被机体适当运用。动物肝脏、鱼粉、骨粉和血粉中含量丰富。

（10）生物素　又称维生素 B_7、维生素 H、辅酶 R，是多种羧化酶的辅酶，在羧化酶反应中起 CO_2 载体的作用，促进细胞将碳水化合物、脂肪和蛋白质转换成可以使用的能量；是合成维生素 C 的必要物质；维持上皮组织结构的完整；增强机体免疫反应和抵抗力；维持正常生长发育。在蛋白质饲料和青绿饲料中含量丰富。

（11）维生素 C　又称抗坏血酸，能促进胶原合成，保持血管的完整；促进神经递质（5-羟色胺及去甲肾上腺素）合成，维持正常的兴奋；参与脂肪、蛋白质的合成，苯丙氨酸、酪氨酸、叶酸的代谢及铁、碳水化合物的利用，维持免疫功能；强抗氧化剂，清除体内自由基及缓解重金属中毒。鸭体内能够合成维生素 C，一般不会缺乏，但是在热应激环境下，添加维生素 C，能够提高肉鸭的体质和抗热应激能力；发病鸭群适当补充维生素 C 能够改善鸭体况，提高抗病力。

（12）胆碱　胆碱是构成生物膜中磷脂的重要组成成分，能促进脂肪代谢和体内转甲基代谢，调控细胞凋亡，保证信息传递（胆碱是合成乙酰胆碱的前提物质），在米糠、麸皮、小麦、大麦、鱼粉中含量很丰富。在饲料中缺乏蛋氨酸时，应添加胆碱。雏鸭日粮中应含有胆碱 1 300 毫克/千克，种鸭 800～1 000 毫克/千克。

67. 矿物质元素对肉鸭有何营养作用？

矿物质元素是维持肉鸭正常生长发育所必需的生命物质：在肉鸭体内含有大量矿物质金属元素如钠、钙、镁、铜和非金属元素如氯、碘、硒、氟等；特别是钠、钾、钙、镁、氯、铜、铁、锰、锌、硒等元素在调节体液平衡、渗透压和酸碱平衡方面发挥着重要作用；是体内多种酶系统的激活剂和电子传递体，参与维持动物体内的新陈代谢过程、肌肉和神经的正常传导，具有多方面的生理功能；矿物质元素广泛存在于鸭体内的骨骼和其他组织器官中，如各种骨骼中。鸭体内的矿物质元素含量占体重的 $3\%\sim5\%$，分为常量元素和微量元素两类。常量元素包括钾、钠、钙、镁、磷、硫、氯共 7 种。微量元素包括铜、铁、锰、锌、硒、碘、钴、铬、钼、氟共 10 种。

（1）常量元素

①钙与磷 钙对肉鸭的营养作用特别重要。钙是构成骨骼的重要成分；钙参与血液凝固、肌肉收缩全过程；钙维持体液酸碱平衡、心肌正常功能、维持神经系统的正常传导。肉鸭缺乏钙时患软骨病，不能站立。肉鸭对过量钙的耐受性较差，过量钙抑制雏鸭吸收日粮中的 2 价金属离子铜、铁、锰、锌，降低雏鸭生长发育速度。肉鸭日粮适宜钙需要量为 $0.80\%\sim1.00\%$。

磷对肉鸭的营养作用也很重要，是骨骼的主要组成成分之一，维持着骨骼的基本功能；磷是遗传物质核酸的组成成分之一，对于生命的发生、发育和生长产生重要作用；磷参与细胞内的氧化磷酸化过程，在糖、脂肪和氨基酸代谢中发挥重要作用；磷酸盐是体内十分重要的缓冲物质，参与维护机体酸碱平衡。肉鸭缺磷时，生长缓慢、食欲减退、骨质松脆。体内磷、钙代谢密切相关，日粮高磷影响钙的吸收与排泄，增加钙的需要量。当日粮钙含量高于0.8%，非植酸磷含量在0.25%或以下水平时，能引起肉鸭发生佝偻病，死亡率达到30%以上。饲料中的钙、磷常常不能满足鸭体的需要，特别是育肥鸭，因此在饲料中补充钙源、磷源如骨粉、石灰石粉、磷酸氢钙等是很必要的。钙、磷之间的比例也影响肉鸭对其的吸收利用，故应注意保持日粮钙、磷比例适宜。

一般情况下，1～2周龄雏鸭配合饲料中钙磷比例以1.5:1、3～7周龄以1.5～2:1、产蛋期为4～6:1为宜。

②钠、钾与氯　钠、钾、氯三种元素主要分布在体液和软组织中。钠主要分布在细胞外，大量存在于体液中，少量存在于骨中；钾主要分布在肌肉和神经细胞内；氯在细胞内外均存在。

体内钠、钾、氯的主要作用：作为电解质维持渗透压，调节酸碱平衡，控制水的代谢；钠对传导神经冲动和营养物质吸收起重要作用；细胞内钾与许多代谢有关；钠、钾、氯可为酶提供有利于发挥作用的环境或作为酶的活化因子。

饲料中钠和氯的含量较少，生产上常添加食用盐来补充其不足，以促进食欲，维持需要。一般饲料中食盐含量以不超过0.3%～0.5%为宜，需要注意的是应该考虑鱼粉和贝壳粉中的含盐量，以免食盐过量引起动物不适或中毒。一般饲料中不缺钾，故不考虑钾的添加量。

③镁与硫　镁主要存在于骨骼中（占体内总镁量的60%～70%）和软组织中（占体内总镁量的30%～40%，主要存在于细胞内亚细胞结构中，线粒体内镁浓度特别高）。主要生理功能是参与骨骼和牙齿组成；作为酶的活化因子或直接参与酶组成，如磷酸酶、氧化酶、激酶、肽酶和精氨酸酶等；参与DNA、RNA和蛋

白质合成；调节神经肌肉兴奋性，保证神经肌肉的正常功能。

硫除少量（约 0.15%）以硫酸盐的形式存在于血液中外，大部分以有机硫形式（R-SH）存在于肌肉组织、骨骼中及羽毛中（4% 左右）。主要生理功能是对含硫蛋白质的分子结构的稳定性起非常重要的作用。蛋氨酸是必需氨基酸，硫胺素是重要的维生素，许多酶结构中含有的巯基（-SH）对酶活性十分重要，羽毛中含有的胱氨酸和半胱氨酸维持羽毛的韧性和弹性等。

（2）微量元素

①铁与铜　铁的主要生理功能：铁是血红蛋白和肌红蛋白的组成成分，保证血红蛋白和肌红蛋白携氧运输功能，为体内各个组织和器官发挥功能所必需；铁是 NADH 细胞色素还原酶、黄嘌呤氧化酶、过氧化物酶的成分，参与细胞呼吸，能量代谢等一系列代谢过程。铁广泛分布于食物中。青绿饲料、苜蓿粉、谷物籽实、糠麸、血粉和鱼粉富含铁，所以肉鸭一般不易发生缺铁症。

铜在血红素的合成和红细胞成熟上起重要作用；铜促进铁在肠道内的吸收；铜是血液中其他一些蛋白质的成分，血球铜蛋白就是其中之一，它存在于红细胞中，参与氧的代谢。铜为许多重要酶系统所必需，它是许多金属酶的组成成分，如细胞色素 C 氧化酶、尿素酶、酪氨酸酶、赖氨酰氧化酶、苯胺氧化酶等，因此它在体内氧化磷酸化、蛋白质、氨基酸代谢上发挥重要作用；铜还存在于某些色素中，如羽红素，使呈现特定的羽毛颜色等。肉鸭对铜元素的需求量较小，过量易引起铜中毒。

②锌与锰　锌在多种酶系统中发挥重要作用，锌是碳酸酐酶、胰羧肽酶、乳酸脱氢酶、胸腺嘧啶激酶的组成部分，这些酶参与骨的钙化和蛋壳的形成，为机体钙化和角质化所必需。锌通过这些酶参与体内蛋白质、脂类和糖类的代谢活动，为动物生长、繁殖和维持健康所必需。

缺锌易导致肉鸭生长受阻、腿骨粗短、关节肿大（尤其足部）、皮肤起鳞、羽毛蓬松、饲料转化率下降、食欲减退、严重时导致死亡；产蛋鸭缺锌时表现为产蛋率和种蛋孵化率降低，弱雏鸭孵出率升高。严重缺锌种蛋胚胎发育受影响最大的是骨骼发育，表现为脊柱畸形、胸腰椎变短，极端情况下甚至没有下肢，有时出现盲眼等畸形。肉鸭日粮中一般不会缺锌。

锰是许多碳水化合物、蛋白质和脂类代谢的酶的组成成分，对于机体内骨骼的正常发育具有重要作用。肉鸭锰缺乏时生长速度下降、骨骼异常、运动失调等，出现"骨短粗症"或称"滑腱症"（缺乏锰会导致雏鸭患上一种肌腱从股骨中滑脱的严重腿骨疾病）。产蛋母鸭缺锰时导致产蛋率下降、种蛋孵化率急剧降低、蛋壳变形、薄壳蛋甚至无壳蛋增加。由于肉鸭对缺锰敏感，所以日粮中一般要添加锰。

（3）硒与碘　硒是谷胱甘肽过氧化酶的必需组成成分，此酶催化细胞内的氧化还原反应，清除体内代谢产生的过氧化物（自由基），保护细胞膜、亚细胞膜完整以及细胞内的生物活性物质、酶的功能。肉鸭缺硒易出现渗出性素质症和白肌病。肉鸭对硒的需求量极低，过量易引起硒中毒反应，由于土壤和作物含硒量具有地区分布特点，因此对饲料中是否加硒应掌握饲料的来源，以免发生硒过多中毒或过少硒不足。

碘是合成三碘甲腺原氨酸和四碘甲腺原氨酸（甲状腺素）所必需，甲状腺素在机体内具有广泛的作用，参与体内能量代谢，加速生长，增加机体耗氧量；影响脑垂体和性腺及其他内分泌腺的发育，促进皮肤、羽毛生长等。缺碘种鸭所产蛋孵化率降低，孵化时间延长。一般饲料中含碘量甚微，往饲料中添加碘通常用碘化钾或碘酸钾，也可用含碘食盐补充碘（注意食盐不能超量）。

68. 为什么说水对肉鸭十分重要？

水是鸭体内十分重要的必需营养素。雏鸭体内含水量达75%～80%，成年鸭体内含水量为60%～70%；饲料营养物质在肉鸭体内的消化、吸收、运输、利用及代谢产物的排出均依赖于水；鸭体内的一切生化反应均在水中进行，水参与动物体内全部反应过程；水维持鸭体内温度正常。故鸭的一切生命活动依赖于水。

养鸭不能断水，鸭饮水频繁，喜欢戏水，吞咽食物时需要借助水。鸭饮水不足可导致采食量下降，生长减缓，严重时引发死亡。持续不断地供给肉鸭清洁饮水才能维持正常生长。肉鸭的饮水量与年龄、饲养方式、采食量、饲料种类及季节变化等有关。肉鸭的饮水量一般为饲料采食量的 5 倍，夏季可达 7~8 倍。

鸭饮用水必须清洁卫生，符合饮用水标准要求。严禁肉鸭饮用污染水或脏水，禁止肉鸭在被农药、重金属或病原菌污染的水源地区放牧。

七、肉鸭的饲料营养与饲料配制技术

69. 怎样看懂饲料标注的营养成分指标？

饲料中的主要营养成分包括水分、粗灰分、粗蛋白、粗脂肪、粗纤维、无氮浸出物等。饲料中的水分含量一般要求在13％以下。饲料水分含量高，容易导致饲料发霉，不利于饲料原料的储存。粗灰分是饲料样品在高温下燃烧后的剩余物质，主要含有钙、磷、钾、镁、铜、铁、锌、锰、硒等矿物元素。粗蛋白质是饲料中所有含氮物质的总称，包括真蛋白质和非蛋白氮两部分。真蛋白质在鸭消化道内蛋白质消化酶、肽酶的作用下，能分解生成20多种氨基酸和部分小肽。氨基酸和小肽对鸭具有十分重要的营养作用。非蛋白氮包括饲料中含有的游离氨基酸、短肽、核酸及其他含氮杂环化合物等。粗脂肪是饲料中乙醚浸出物的总称，包括甘油三酯、磷脂、类固醇、脂肪酸等。粗纤维是饲料中不易消化的营养物的总称，包括纤维素、半纤维素、木质素及果胶等成分。无氮浸出物主要指饲料中易被动物消化利用的淀粉、双糖、单糖等可溶性碳水化合物。

70. 肉鸭养殖常用的能量饲料有哪些？

能量饲料指干物质中粗纤维含量低于18％，粗蛋白含量低于20％的饲料，在日粮中主要用于提供能量。日粮碳水化合物是肉鸭的重要能量来源，禾谷籽实是碳水化合物的主要来源。禾谷籽实中的碳水化合物主要以淀粉形式存在，它们容易被消化，主要包括玉米、小麦、大麦、燕麦、高粱、稻谷等，其营养特点是家禽可利用能（代谢能）、淀粉等含量高，蛋白质和粗纤维含量低，消化率高。另外，还有糠麸类饲料和植物的块茎或块根也可作为能量来源。糠麸类饲料主要包括小麦麸、细米糠等，其生物可利用能量含量较谷物籽实类饲料原料低，粗纤维、植酸磷含量较高。块茎或块根类饲料包括马铃薯、甘薯、胡萝卜、甜菜和南瓜等，其生物可利用能量含量中等，而水分含量较高。

（1）玉米　碳水化合物含量高达 75％，其中的 95％是容易消化的淀粉。以干物质为基础，玉米的真代谢能值含量为鸭 16.94 兆焦/千克，是饲养肉鸭最优质的能量饲料原料之一，在肉鸭日粮中的用量为 35％～65％。

（2）稻谷　粗纤维含量高达 8.0％～8.5％，代谢能为 11.0 兆焦/千克，在种鸭和肉鸭日粮中的用量为 20％～30％，应将其打碎或去壳后使用；稻谷去除外壳后的糙米或碎米，粗纤维含量为1.0％，代谢能为 14.0 兆焦/千克，是适合养鸭的能量饲料原料，肉鸭日粮中的用量为 30％～50％。

（3）大麦　适口性好，是家禽常用的饲料原料。粗蛋白含量 12.54％，可消化蛋白占 78％，均高于玉米，淀粉略低于玉米。但大麦与玉米相比，饲料利用率低，其原因是大麦中 NSP（非淀粉多糖，主要是阿拉伯木聚糖和 β-葡聚糖）的含量高，不仅不能被动物的内源酶所消化，而且通过增加肠内容物的黏性，阻止其他养分特别是脂肪和能量的消化利用，减少动物的采食量，降低动物的生产性能，从而降低大麦的饲用价值。通过添加 NSP酶制剂，消除大麦日粮中的非淀粉多糖抗营养因子，提高粗蛋白、粗脂肪、粗纤维的消化率，从而提高大麦的饲用价值。利用氨基酸平衡原理，用大麦替代部分玉米和豆饼饲喂畜禽，可减少蛋白质饲料的用量，降低饲料成本，还可增加禽肉的脂肪硬度，改善胴体品质，获得良好的经济效益。大麦在肉鸭配合饲料中的用量一般为 20％～40％。

（4）小麦　是代谢能含量较高、适口性加好的饲料原料。小麦的代谢能含量仅次于玉米，蛋白质含量较玉米高。但较玉米的饲料利用率低，其原因是小麦中 NSP 的含量高，增加肠内容物的黏性，阻止其他养分消化利用，可通过添加 NSP 酶制剂来改善小麦饲料的品质，提高其消化率。建议在肉鸭配合饲料中的用量为 20%～40%。

（5）糠麸类　是粮食加工后的副产品，如米糠、玉米糠、麸皮等，粗纤维含量较高，淀粉含量不高，蛋白质含量较高，但阿拉伯木聚糖和 β-葡聚糖的含量高，生物可利用能量低，一般在肉鸭饲料中用量不超过 5%。

（6）块根、块茎和瓜类　这类饲料含碳水化合物较多，如马铃薯、甘薯、胡萝卜、甜菜和南瓜等。适口性好，可切碎生喂或煮熟后拌料饲喂，也可以切片、晒干、粉碎备用。

71. 肉鸭养殖常用蛋白质饲料有哪些？

蛋白质饲料是指干物质中粗蛋白质含量达到或超过 20%、粗纤维又低于 18% 的饲料。肉鸭常用的蛋白质饲料有大豆、大豆粕（饼）、花生粕（饼）、棉籽粕（饼）、菜籽粕（饼）、葵花仁粕（饼）、胡麻粕和玉米蛋白粉等植物性蛋白质饲料，有鱼粉、肉骨粉、血粉、羽毛粉等动物性蛋白质饲料。大豆饼、菜籽饼等饼类饲料，其含油量一般较高，能达到 4.0%～5.0%，而蛋白质含量较低。大豆粕、花生粕、棉籽粕和菜籽粕等，其含油量较低，一般为 1.0%～2.0%。

（1）大豆和豆粕　熟大豆和熟豆粕是优质的蛋白质饲料，其蛋白质含量分别是 37% 和 43%～48%。在大豆蛋白质的结构中，氨基酸组成相对平衡。在以玉米-豆粕为主要能量蛋白质来源的配合原料中，在蛋白质满足肉鸭营养需要的前提下，仅需要补充蛋氨酸。

（2）花生粕　经熟化处理的花生粕是我国常用的蛋白质饲

料，其蛋白质含量在 45%～51%，味香甜，适口性好，是优质蛋白质饲料。在花生蛋白质的氨基酸组成中，赖氨酸和蛋氨酸含量相对较低。在肉鸭配合饲料中使用 10% 以上的花生粕时，应特别注意补充添加蛋氨酸和赖氨酸。花生粕易发霉变质，应确保储存环境干燥、通风。花生粕在肉鸭和蛋鸭日粮中的用量一般为 10%～20%。

（3）菜籽粕　是我国肉鸭常用的饲料原料，适口性差，蛋白质含量在 33%～38%，氨基酸组成相对平衡，含硫氨基酸丰富，赖氨酸含量较低。普通油菜籽中含有丰富的硫葡萄糖苷（GS）、芥子碱、单宁和植酸等抗营养因子，对动物健康危害极大。建议普通菜籽粕在肉鸭配合饲料中的用量不宜超过 5%。

（4）棉仁粕　粗蛋白含量在 35%～44%，含蛋氨酸、赖氨酸较低，并含有棉酚和植酸等抗营养因子。建议在肉鸭日粮中棉仁粕的用量可达 7% 或更高水平。

（5）鱼粉　鱼粉中不含纤维素等难于消化的物质，粗脂肪含量高（62%～65%），必需氨基酸全面，氨基酸组成比例平衡，有效能值高，富含 B 族维生素，尤以维生素 B_{12}、维生素 B_2 含量高，还含有维生素 A、维生素 D 和维生素 E 等脂溶性维生素；是良好的矿物质来源，钙、磷的含量很高，且比例适宜，所有磷都是可利用磷；含硒量很高，可达 2 毫克/千克以上；此外，碘、锌、铁的含量也很高，并含有适量的砷；鱼粉中含有促生长发育的未知因子。是非常优质的蛋白质来源。在肉鸭饲料中的用量一般为 3%。

（6）肉骨粉　肉骨粉是以新鲜无变质的动物废弃组织及骨经高温高压蒸煮、灭菌、脱胶、干燥粉碎后的产品。黄至黄褐色油性粉状物，具肉骨粉固有气味。无腐败气味，无异味异臭。肉骨粉的粗蛋白质含量在 50%～80%（因原材料不同，差别较大），赖氨酸含量高，但蛋氨酸和色氨酸的含量低，比血粉还低。B 族维生素含量较高，但维生素 A、维生素 D 和维生素 B_{12} 的含量都低于鱼粉。肉骨粉含有大量的钙、磷和锰，磷为可利用磷。建议在肉鸭饲料中的用量一般为3%。

（7）血粉、羽毛粉　是由屠宰动物后的下脚料血、羽毛经特殊工艺制作而成的。粗蛋白质含量高，矿物质含量较丰富，但氨基酸生物利用率较低（依加工工艺不同差异较大），适口性较差，建议适量添加或不加。

（8）其他动物性蛋白饲料　如河虾、小鱼、螺蛳、蚌肉、蚯蚓、蝇蛆等，蛋白质含量均较高，在饲喂前应充分煮熟以杀死病菌和寄生虫（虫卵），并注意防止腐败变质。

72. 肉鸭养殖常用矿物质（常量元素）饲料有哪些？

肉鸭生长发育所需要的矿物质常量元素主要有钙、磷、镁、钠、钾、氯等。镁和钾在普通植物性饲料原料中含量丰富，不需要特别添加矿物质饲料原料进行补充。而钙、磷、钠、氯需要用矿物质饲料进行补充。在肉鸭配合饲料中，常用磷酸氢钙和骨粉补充钙、磷不足，使用贝壳粉和石粉补充钙不足，使用食盐补充钠、氯不足，使用碳酸氢钠补充钠不足。

磷酸氢钙是白色或灰白色粉末，含钙量一般在22%～24%，含磷量为16.5%～18.0%，是肉鸭饲料中主要的磷、钙来源。但是，鸭对磷酸氢钙中氟超标特别敏感。在使用磷酸氢钙时，氟含量应低于0.13%。在肉鸭配合饲料中，严禁使用氟超标的磷酸氢钙产品。

骨粉是动物骨骼经过高温、高压、脱脂、脱胶、烘干、粉碎后形成的粉末状饲料原料产品。骨粉一般含钙量约为21%，含磷量为11%～12%。优质蒸制骨粉含磷12.0%～13.5%，含钙21%～25%。我国部分厂商目前生产的劣质骨粉，磷含量只有6%～8%，钙含量高达30%左右。因此，在肉鸭饲料应慎重使用劣质骨粉。石粉和贝壳粉是肉鸭常用的高钙类饲料，其含钙量为33%～38%。

73. 我国允许使用的饲料添加剂有哪些？

根据中华人民共和国农业部公告（第 105 号）公布的《允许使用的饲料添加剂品种目录》，我国允许使用的饲料添加剂品种总计 173 种（类），其目录如下：

（1）饲料级氨基酸 7 种　L-赖氨酸盐酸盐；DL-蛋氨酸；DL-羟基蛋氨酸；DL-羟基蛋氨酸钙；N-羟甲基蛋氨酸；L-色氨酸；L-苏氨酸。

（2）饲料级维生素 26 种　β-胡萝卜素；维生素 A；维生素 A 乙酸酯；维生素 A 棕榈酸酯；维生素 D_3；维生素 E；维生素 E 乙酸酯；维生素 K_3（亚硫酸氢钠甲萘醌）；二甲基嘧啶醇亚硫酸甲萘醌；维生素 B_1（盐酸硫胺）；维生素 B_1（硝酸硫胺）；维生素 B_2（核黄素）；维生素 B_6；烟酸；烟酰胺；D-泛酸钙；DL-泛酸钙；叶酸；维生素 B_{12}（氰钴胺）；维生素 C（L-抗坏血酸）；L-抗坏血酸钙；L-抗坏血酸-2-磷酸酯；D-生物素；氯化胆碱；L-肉碱盐酸盐；肌醇。

（3）饲料级矿物质、微量元素 43 种　硫酸钠；氯化钠；磷酸二氢钠；磷酸氢二钠；磷酸二氢钾；磷酸氢二钾；碳酸钙；氯化钙；磷酸氢钙；磷酸二氢钙；磷酸三钙；乳酸钙；七水硫酸镁；一水硫酸镁；氧化镁；氯化镁；七水硫酸亚铁；一水硫酸亚铁；三水乳酸亚铁；六水柠檬酸亚铁；富马酸亚铁；甘氨酸铁；蛋氨酸铁；五水硫酸铜；一水硫酸铜；蛋氨酸铜；七水硫酸锌；一水硫酸锌；无水硫酸锌；氧化锌；蛋氨酸锌；一水硫酸锰；氯化锰；碘化钾；碘酸钾；碘酸钙；六水氯化钴；一水氯化钴；亚硒酸钠；酵母铜；酵母铁；酵母锰；酵母硒。

（4）饲料级酶制剂 12 类　蛋白酶（黑曲霉，枯草芽孢杆菌）；淀粉酶（地衣芽孢杆菌，黑曲霉）；支链淀粉酶（嗜酸乳杆菌）；果胶酶（黑曲霉）；脂肪酶；纤维素酶（reesei 木霉）；麦芽糖酶（枯草芽孢杆菌）；木聚糖酶（insolens 腐质霉）；β-聚葡糖糖酶（枯草芽孢杆菌，黑曲霉）；甘露聚糖酶（缓慢芽孢杆菌）；植酸酶（黑曲霉，米曲霉）；葡萄糖氧化酶（青霉）。

（5）饲料级微生物添加剂 12 种　干酪乳杆菌；植物乳杆菌；粪链球菌；屎链球菌；乳酸片球菌；枯草芽孢杆菌；纳豆芽孢杆菌；嗜酸乳杆菌；乳链球菌；啤酒酵母菌；产朊假丝酵母；沼泽红假单胞菌。

（6）饲料级非蛋白氮 9 种　尿素；硫酸铵；液氨；磷酸氢二铵；磷酸二氢铵；缩二脲；异丁叉二脲；磷酸脲；羟甲基脲。

（7）抗氧剂 4 种　乙氧基喹啉；二丁基羟基甲苯（BHT）；丁基羟基茴香醚（BHA）；没食子酸丙酯。

（8）防腐剂、电解质平衡剂 25 种　甲酸；甲酸钙；甲酸铵；乙酸；双乙酸钠；丙酸；丙酸钙；丙酸钠；丙酸铵；丁酸；乳酸；苯甲酸；苯甲酸钠；山梨酸；山梨酸钠；山梨酸钾；富马酸；柠檬酸；酒石酸；苹果酸；磷酸；氢氧化钠；碳酸氢钠；氯化钾；氢氧化铵。

（9）着色剂 6 种　β-阿朴-8'-胡萝卜素醛；辣椒红；β-阿朴-8'-胡萝卜素酸乙酯；虾青素；β，β-胡萝卜素-4，4-二酮（斑蝥黄）；叶黄素（万寿菊花提取物）。

（10）调味剂、香料 6 种（类）　糖精钠；谷氨酸钠；5'-肌苷酸二钠；5'-鸟苷酸二钠；血根碱；食品用香料均可作饲料添加剂。

（11）黏结剂、抗结块剂和稳定剂 13 种（类）　α-淀粉；海藻酸钠；羧甲基纤维素钠；丙二醇；二氧化硅；硅酸钙；三氧化二铝；蔗糖脂肪酸酯；山梨醇酐脂肪酸酯；甘油脂肪酸酯；硬脂酸钙；聚氧乙烯 20 山梨醇酐单油酸酯；聚丙烯酸树脂Ⅱ。

（12）其他 10 种　糖萜素；甘露低聚糖；肠膜蛋白素；果寡糖；乙酰氧肟酸；天然类固醇萨洒皂角苷（YUCCA）；大蒜素；甜菜碱；聚乙烯聚吡咯烷酮（PVPP）；葡萄糖山梨醇。

74. 我国禁止在畜禽饲料中使用的添加剂有哪些？

根据中华人民共和国农业部公告（第 1519 号），为加强饲料及养殖环节质量安全监管，保障饲料及畜产品质量安全，制定并公布的《禁止在饲料和动物饮水中使用的物质》，禁止在饲料和动物饮水中使用苯乙醇胺 A 等物质（如下 11 种）：

（1）苯乙醇胺 A（Phenylethanolamine A） β-肾上腺素受体激动剂。

（2）班布特罗（Bambuterol） β-肾上腺素受体激动剂。

（3）盐酸齐帕特罗（Zilpaterol Hydrochloride） β-肾上腺素受体激动剂。

（4）盐酸氯丙那林（Clorprenaline Hydrochloride） 药典 2010 版二部 P783。β-肾上腺素受体激动剂。

（5）马布特罗（Mabuterol） β-肾上腺素受体激动剂。

（6）西布特罗（Cimbuterol） β-肾上腺素受体激动剂。

（7）溴布特罗（Brombuterol） β-肾上腺素受体激动剂。

（8）酒石酸阿福特罗（Arformoterol Tartrate） 长效型 β-肾上腺素受体激动剂。

（9）富马酸福莫特罗（Formoterol Fumatrate） 长效型 β-肾上腺素受体激动剂。

（10）盐酸可乐定（Clonidine Hydrochloride） 药典 2010 版二部 P645。抗高血压药。

（11）盐酸赛庚啶（Cyproheptadine Hydrochloride） 药典 2010 版二部 P803。抗组胺药。

75. 如何辨别饲料品质的好坏？

饲料是发展肉鸭养殖业的最重要的物质基础，饲料品质的好坏直接关系到肉鸭的生长发育，并进一步影响到经济效益。辨别饲料品质的好坏应注意如下事项：

（1）看　一看产品资料：外包装上是否字迹清楚，是否有产品名称、厂址、生产厂家联系电话，标签内容上是否有"本产品符合饲料卫生标准"的字样，内容是否齐全，主要包括产品名称，饲用对象及阶段，批准文号、生产许可证号，主要饲料原料类别，营养成分保证值，用法、用量、净重，生产日期、保质期及产品标准编号、厂址、生产厂家、联系电话与外包装是否一致。特别注意看批准文号、生产许可证是否在有效期内，说明书内是有产品的特点、营养成分、使用方法及注意事项等，与标签上是否一致，是否有产品合格证，并加盖检验日期、检验结果、检验员编号等，是否有注册商标（在说明书、产品标签和外包装上）；二看产品实物：饲料色泽是否一致均匀，颗粒度是否均匀、形状大小合适，有否结块、发霉现象。

（2）闻　饲料中常使用各种调味剂，用于对动物的诱食与调整其适口性，抛开香味剂气味，闻闻有没有其他异常气味，劣质饲料多有如发霉气味、油脂哈喇味、酒糟味、氨臭味（尿素等非蛋白氮形成的）、腐臭、焦臭及其他异味。

（3）尝　将少许饲料放入口中舔咬，优质饲料味好，不喇喉咙、不苦、无异味，否则为劣质饲料。

（4）捻　用手指捻搓饲料，感知饲料颗粒大小、硬度、黏稠性等来判断，优质饲料颗粒大小适中，软硬适度，饲料优劣颗粒大小不均，粘手，过硬或过软易碎。

（5）便　饲喂优质饲料后，肉鸭排便正常。如粪便过干或掉地易散，说明饲料中纤维含量过高，如腹泻（饲料过渡期、疾病现象除外）说明饲料中原料存在问题或饲料不新鲜，应停止继续饲喂。

（6）长　饲喂优质饲料后，肉鸭长势明显，日增重、饲料转化率基本达到说明书的指标。

（7）检 有条件的养殖场可以进行营养成分和有毒有害成分的分析检测。

76. 怎样选择适宜肉鸭的饲料？

只有选用恰当的饲养才能为肉鸭提供充足、均衡的营养，充分发挥其生产潜力，并可避免营养不足或浪费。选择适宜肉鸭的饲料应注意：

（1）根据不同肉鸭品种选料 不同的肉鸭品种（品系）是长期生活在某种特定环境中，经过自然或人工选育而成的，具有自身独特的生理消化、新陈代谢和对营养需求的规律。据此制定不同肉鸭品种以及不同国家和地区的肉鸭饲养标准不尽相同。因此，应根据饲养的肉鸭品种选择相应的饲料，如果是自己配制饲料，应尽可能选用本国同品种的肉鸭饲养标准。例如，肉用型鸭、蛋用型鸭与肉蛋兼用型鸭的饲养标准不同，即使是同属肉用型鸭的北京鸭和樱桃谷鸭的饲养标准也有差异，因此，最好选用属于本鸭种专用的饲料。

（2）根据肉鸭不同生长阶段选料 由于不同生长发育阶段肉鸭的组织器官发育与生理消化的能力不同，表现为对营养的需求与对饲料的消化能力有差异，因而，对饲料品质和营养的要求也必然不同。例如，育雏期肉鸭代谢旺盛、相对生长速度快，但各器官组织结构发育还不健全，雏鸭的消化机能不完善，表现为消化道较短、肌胃容积小、收缩力不强、腺胃分泌胃酸和胃蛋白酶的能力弱、肠道内消化酶的活性低，对饲料的消化能力弱，因此，应给雏鸭饲喂容易消化的饲料；生长期肉鸭羽毛、骨骼和肌肉生长发育迅速，个体增重非常快，需要大量营养物质，采食力强，运动量大，饲料应含有丰富的、易消化的优质蛋白质，并添加充足的蛋氨酸；育肥期需考虑到体脂沉积，适当增加能量饲料，特别肉鸭在填喂育肥期间，需消化填入的饲料，生长迅速，脂肪沉积快而多，生理机能处于十分特殊状态，填肥前期饲料的蛋白质水平应适当降低，后期以能量饲料为主。在购买或配制肉鸭饲料时，不能图简便，一种饲料一喂到底，而应针对不同生长阶段肉鸭对饲料营养需要的特点进行购买或配制，按不同生长阶段逐渐变换饲料，最能有效提高饲料营养的利用效率。

（3）根据饲喂效果选料　市场上饲料品牌很多，质量不尽相同，选择的依据只能是饲喂效果，饲喂效果好而且质量稳定是最起码的要求。

（4）根据肉鸭市场价格选料　饲料档次高低虽然没有标志，但确实客观存在。档次高低取决于内在质量，表现为外观、价位和效果反映。一般高档饲料外观好、价位较高、信誉度高。从经济利益角度讲，一般情况喂高档饲料最为合算，但在肉鸭价格低迷的市场形势下，就不一定合算，此时，应选择稍低标准的饲料，使饲料成本降低，提高经济效益。

（5）根据自身条件选料　如果当地有丰富的能量饲料资源但缺乏蛋白质饲料，可以选择浓缩饲料；如果能量饲料、蛋白质饲料都不缺乏，还有基本的加工机械和场所，可以选择预混料自己加工；如果上述条件都不具备，则应选择全价饲料。

（6）根据添加剂选料　禁止使用国家规定的违禁药物，特别是在肉鸭生长后期饲料中，禁止使用任何药物性饲料添加剂，以确保鸭肉产品安全。但矿物质、维生素、氨基酸等营养性添加剂是必需的，其他的非营养性添加剂对提高肉鸭的生长速度及饲料利用率也有很大帮助，如益生菌、酶制剂、酸化剂、寡糖、磷脂类脂、腐殖酸、中草药等，可以考虑适当使用。

77. **怎样贮存鸭饲料？**

饲料占肉鸭养殖总成本的 70%～80%，饲料贮存不当容易导致其中的营养成分发生分解、发霉变质，不仅降低饲料的营养价值，而且极易引起肉鸭腹泻、中毒甚至死亡，严重影响养殖户的经济收益。因此，妥善贮存饲料，是保障正常养殖工作必须做好的基本工作。主要注意以下几点：

（1）饲料原料和配好的饲料要存放于通风、避光、干燥的地方，以免饲料中的脂肪氧化，维生素 A、维生素 E 遭到破坏。

（2）在饲料与地面之间置放置一层防潮材料，如防水布、木板等，最好在木板下垫砖悬起，效果更好，以防饲料潮湿板结、霉变。

（3）应设置专用饲料库贮存饲料，不应将饲料存放在鸭舍内，以防止饲料污染和潮湿，饲料库应注意防虫害和鼠害等，并经常检查，发现问题及时解决。

78. 如何自己配制肉鸭饲料？

由于现代育种技术的发展与应用，鸭的生产性能比以前有了大幅度提高，对饲料和营养的要求也更高；另一方面，饲料占养鸭生产总成本的 70%～80%，因此，自配饲料前，必须了解肉鸭不同生长发育时期的生理消化特点与营养需求、各种营养物质的功能和它们在各种饲料原料中的准确含量、生产成本与市场需求等，参照现有的饲养标准，配制出能满足肉鸭不同生长发育阶段营养需要的最佳日粮，才能降低饲养成本，提高经济效益。鸭饲料配制过程中需注意的问题：

（1）正确选用肉鸭饲养标准和饲料营养价值表　肉鸭饲养标准是实行科学饲养肉鸭的基本依据。只有选用恰当的饲养标准才能为肉鸭提供充足、均衡的营养，充分发挥其生产潜力，并可避免营养不足或浪费。不同肉鸭品种以及不同国家和地区制定的肉鸭饲养标准不尽相同，日粮配合时尽可能选用本国同品种的肉鸭饲养标准。饲料营养价值表也应选用本地区或本国的资料，因同名饲料不同产地其营养成分变化较大，有条件的养殖场最好能对所用饲料原料营养成分进行分析，从而保证所配制饲粮养分含量的准确性。饲养标准仅仅是一个参考，还应根据本地不同肉鸭品种的生产水平、健康状况、气候变化、实际饲喂效果以及畜产品市场价格等情况，对饲养标准适当调整，以达到最佳经济效益。

（2）选用适当的饲料原料　根据本地饲料资源和价格情况，尽量选用当地营养丰富、质优价廉、货源充足的饲料原料，以保证饲养供应的稳定性和降低饲料成本。饲养力求多样化，使各种饲料原料之间的营养物质相互配合，取长补短，发挥各自的作用，有利于营养成分的平衡和饲料资源的利用。

（3）兼顾营养与成本　肉鸭的日粮配合应以提高肉鸭的经济效益为原则，尽可能降低饲料成本。但当饲料原料或肉鸭市场价格发生波动时，应根据具体情况及时调整日粮配方，获取最大的经济效益，如当饲料原料涨价或肉鸭价格降低时，按照原日粮配方进行生产，经济效益不一定合算，若一味强调降低成本，日粮营养成分浓度过低，肉鸭势必通过增大采食量加以弥补耗料量，降低了饲料转化率，增加了综合成本；但若适当降低饲料营养档次，既降低了饲料成本，又可以提高经济效益。

（4）保持相对稳定　日粮的改变对肉鸭是一种应激。饲料配方的频繁或者突然变化会使肉鸭一时难以适应，肉鸭的消化机能受到影响，不利肉鸭正常生长。如需改变日粮配合，应安排5～7天的过渡适应期，以1/3、2/3、3/3的比例逐步加入进行变换，过渡到新的日粮配合。

（5）合理加工　肉鸭的日粮由多种营养物质组成，每种成分在饲料中应是均匀分布的。对于一些营养物质如维生素、微量元素及其他非营养饲料添加剂等，由于含量微量，如果不能充分搅拌混合均匀，极易造成某些营养成分的缺乏或过量，甚至中毒；合理的加工工艺能保证营养成分要稳定，便于饲料储存；按不同的肉鸭品种和生长发育期需要加工成一定的颗粒形状，以方便饲喂。

（6）禁用违禁药物　禁止使用国家规定的违禁药物，特别是在肉鸭生长后期饲料中，禁止使用任何药物性饲料添加剂，以确保鸭肉产品安全。

79. 肉鸭养殖如何节约饲料成本？

饲料成本往往占肉鸭养殖总成本的 70%～80%，因此，节约饲料是降低肉鸭饲养成本、提高经济效益的一项关键措施。

（1）饲养优良品种　品种优良的肉鸭，其生产性能的遗传潜力较高，生长速度快，抗病力强，对饲料的利用率高，同样的日龄、消耗同样多的饲料，其增重比未经选育品种的肉鸭要快得多。

（2）控制环境温度　肉鸭的适宜生长温度为 12～24℃，在此温度范围内鸭可充分有效地利用饲料。因此，应尽量创造条件，如采取冬季圈养、密封门窗、夏季搭棚遮阳等措施保暖或降温，将饲养温度控制在适宜范围内，以提高饲料报酬。

（3）饲喂平衡日粮　因为所有家禽都是"依能而食"，饲粮的能量水平高时，采食量就少；饲粮的能量水平低时，采食量就多。所以应保持肉鸭饲料中的蛋白质与能量比例平衡，否则，饲料消耗增加，造成某些营养成分浪费。如果饲粮低能高蛋白，则蛋白饲料作为能源消耗而造成浪费。更不应饲喂单一饲料，因为单一饲料营养成分不全，容易导致利用率大大降低，造成浪费。

（4）保持饲料新鲜　新鲜饲料营养成分完整，能够充分发挥饲料的利用率。饲料购买或配制后应存放在通风、干燥的地方避光保存妥当，以避免饲料中的脂肪氧化，维生素 A、维生素 E 遭到破坏。

（5）及时出栏　肉鸭在 42～49 天出栏较合适，因为这时肉鸭增重与饲料报酬已达到高峰，在 49 日龄后肉鸭日增重量下降，饲料报酬降低，不划算。

（6）合理使用添加剂　矿物质、维生素、氨基酸等营养性添加剂是必需的，其他的非营养性添加剂对提高肉鸭的生长速度及饲料利用率也有很大帮助，如益生菌、酶制剂、酸化剂、寡糖、磷脂类脂、腐殖酸、中草药等，对肉鸭增重和提高饲料利用率有明显效果。

（7）饲喂方法合理　一般不应喂原粮，因为原粮颗粒完整，营养成分不容易释放和利用，经粉碎后，利用率大大提高。可根据肉鸭不同日龄，配合成全价料的粒度，但不宜过碎，否则容易飞散造成浪费。添料时不应图省事而一次添加过多，应勤喂勤添。

（8）自配饲料　有条件的鸭场可以充分利用本地丰富的饲料资源，参照肉鸭饲养标准和饲料营养价值表，加工配制饲料，降低饲养成本。

（9）其他　料桶或料槽的构造和高度应合适，平时应注意及时修缮料槽或更换，以防止漏料造成浪费。

八、肉鸭疾病防治

80. 鸭场及周边环境如何进行消毒？

随着我国养鸭业的迅速发展，鸭病也更趋复杂化。定期对鸭舍及周边环境进行消毒，消灭外界环境中的病原微生物，是切断传染病的传播途径、有效防范肉鸭疫病发生的重要措施，能为鸭群健康生长提供良好的环境保证。鸭场及周边环境的消毒通常采用以下方法：

（1）环境消毒　鸭场内部及外部环境应建立生物防疫屏障，建立防护林。定期清扫鸭场的环境、道路，根据气候情况和疫情，每1～2周对鸭场内、每1～3个月对鸭场外主要道路进行彻底消毒，可用3%～5%的氢氧化钠溶液喷洒。在场内污水池、下水道口、清粪口每月用漂白粉消毒一次。及时清除场区杂草，整理场内地面，排除低洼积水，疏通水道，做好污水排放和雨水排放工作，消除病原微生物存活的条件。

（2）通道口与场区的消毒　主要通道口必须设置消毒池，消毒池的长度为进出车辆车轮的2个周长以上。消毒池上方最好建有顶棚，防止日晒雨淋。消毒液常用2%～4%的氢氧化钠溶液，每周更换2～3次。平时应做好场区的环境卫生工作，经常使用高压水洗净。

每栋鸭舍入口处设置脚踏消毒槽，每周至少更换2次消毒液。生产区入口处的消毒更衣室内设一紫外线灯，生产人员通过时要进行3～5分钟的消毒。工作服、鞋帽应于每天下班后挂在更衣室内，用足够强度的紫外线灯照射消毒。

一般情况下养鸭场谢绝外人参观，必须参观者，经批准后按规定程序进行严格的消毒后方可进入。检查巡视鸭舍或生产区的技术人员，特别是负责免疫工作的技术人员进入鸭舍时，应穿戴消毒过的工作服、帽子和靴子，每免疫完一批鸭群，用消毒药水洗手，工作服应用消毒药水泡洗 10 分钟后在阳光下曝晒消毒。

（3）鸭舍消毒　在生产实践中鸭场的疫病来源主要有三个方面：由新引进的鸭带进场内，如从病鸭场引进雏鸭、幼鸭或小母鸭等；污染的鸭舍，如过去曾饲养过病鸭而未经彻底消毒的鸭舍；日常工作中消毒不够和执行安全措施不严，以致将疫病经饲料、用具、人员往来和其他动物而传至场内。

①空舍消毒　移走、清除散失在鸭舍内外的全部鸭，将可移动的工具与设备都转移到舍外，清洗之后放置在阳光下曝晒消毒，彻底清理垫料、粪便等垃圾，清扫风扇、通风口、天花板、横梁、吊架、墙壁等部位的尘土、蛛网，为了防止尘土飞扬清扫前可事先用清水或消毒液喷洒，将清除的粪便和垃圾集中处理。用高压水枪按照从上到下、从里到外的顺序对鸭舍进行冲洗，对较脏的地方，可事先进行人工刮除，要注意对角落、缝隙、设施背面的冲洗，做到不留死角，真正达到清洁。经彻底洗净、检修维护后鸭舍不潮湿时即可进行消毒。为了提高消毒效果，一般要求鸭舍消毒使用 2 种或 3 种不同类型的消毒药进行 2～3 次消毒。通常第一次使用碱性消毒药，第二次使用表面活性剂类、卤素类、酚类等消毒药，第三次采用福尔马林熏蒸消毒。熏蒸消毒常用福尔马林配合高锰酸钾进行，一般按照每立方米消毒空间使用福尔马林 50 毫升、高锰酸钾 25 克，要求鸭舍必须密闭，熏蒸前应将消毒对象散开放置，并在舍内洒水，保持相对湿度在 70%、温度在 18℃以上，密闭消毒 12～24 小时。对于地面和墙壁等耐高温部分还可以火焰高温灼烧，以达到彻底消毒灭菌目的。应用杀虫剂在地与墙的夹缝和柱子的底部涂抹，以保证能杀死进入鸭舍的昆虫。开窗通风、干燥。

②带鸭消毒　带鸭消毒是指鸭入舍后到出舍前整个饲养期内定期使用有效的消毒剂对鸭舍环境及鸭体表进行喷雾，以杀死空气中悬浮和附着在鸭体表的病原菌。带鸭消毒具有清洁鸭体表、沉降舍内漂浮尘埃、抑制舍内氨气的产生和降低氨气浓度的作用，夏季还可以防暑降温。一般鸭 10 日龄以后就可实施带鸭消毒，以后可根据具体情况而定。育雏期宜每周 1 次，育成期和育肥期每周 2 次，种鸭产蛋期可每 3 天消毒一次，发生疫情时应每天消毒一次。喷雾粒子以 80～100 微米，喷雾距离以 1 米为最好。喷雾时舍内温度应比平时高 3～4℃，冬季应将药液温度加热到室温，消毒液用量为每平方米 60～240 毫升，以地面、墙壁、天花板均匀湿润和鸭体表微湿的程度为宜，最好每 3～4 周更换一种消毒药。常用来做带鸭消毒的消毒药有 0.1% 过氧乙酸、0.1% 新洁尔灭、0.2%～0.3% 次氯酸钠或其他可用于带鸭消毒的消毒药。

③用具消毒　对于蛋箱、雏鸭箱和鸭笼等频繁出入鸭舍，必须经过严格的消毒。运输车辆进场需对汽车轮胎及外表进行喷雾消毒，卸车后由所在场负责对车厢清理干净，并喷雾消毒；对于接种、剖检以及化验用具、器具，如注射器、针头、滴管、试管等耐高温用具，须经 170℃ 高温烘烤 2 小时，胶帽、胶管、金属注射器等须煮沸 0.5～1 小时，解剖工具、用具须在消毒液中浸泡 1 小时，用于细菌培养的器具及一些培养基必须经过高压蒸煮 0.5 小时。饮水器、料槽、料桶、水箱等用具每周应清洗消毒一次。每天清除完鸭舍粪便后，所用用具必须清洗干净，舍内舍外用具应严格分开。

（4）粪便及死鸭消毒　每天的鸭粪应及时清除，堆放于粪场，并及时通过运粪车运至场外，或利用生物发酵对鸭粪进行发酵处理。搬运鸭粪所用的器具、工作服、车辆也应注意消毒处理。病死鸭及其污染物品应进行高温焚烧或深埋消毒处理。

81. 肉鸭养殖场经常使用的消毒剂有哪些？

加强现代养鸭的疫病防治是提高养殖经济效益的重要措施，养鸭要把防病措施做到位，必须遵守防疫制度，还要对消毒药品进行精心的选择。现在市场中优质的消毒药品种类繁多，各类都有其杀灭病原菌、清洁空气的独特作用，针对养鸭和环境的特点，有选择性地挑选消毒剂，提高消毒效果，达到事半功倍的目的。

（1）醛类消毒剂　常用的醛类消毒剂主要是用于场地、走廊、粪场、空舍或舍外的消毒。主要的消毒剂成分有甲醛、戊二醛。

①福尔马林　含甲醛 37％～40％，有刺激性气味，具有广谱杀菌作用，对细菌、真菌、病毒和芽孢等均有效。0.25％～0.5％甲醛溶液可用做鸭舍、用具和器械的喷雾和浸泡消毒。一般用做熏蒸消毒。使用剂量因消毒的对象而不同。使用时要求室温不低于 15℃（最好在 25℃ 以上），相对湿度在 70％ 以上，如湿度不够可在地面洒水或向墙壁喷水。熏蒸消毒用具、种蛋时要在密防的容器内。种蛋的消毒是在收集之后放在容器内，每立方米用福尔马林 21 毫升高锰酸钾 10.5 克，20 分钟后通风换气。孵化器内种蛋的消毒在孵化后的 12 小时之内进行关闭机内通风口，福尔马林用量为每立方米 314 毫升、高锰酸钾 7 克，20 分钟后，打开通风口换气。房舍熏蒸按每立方米空间用福尔马林 30 毫升，置于一个较大容器内（至少 10 倍于药品体积），加高锰酸钾 15 克，事前关好所有门窗，密闭熏蒸 12～24 小时，再打开门窗通风换气。

②戊二醛　主要适用于手术器械和剖检器械的消毒与灭菌。消毒处理时将待消毒处理的物品浸入 2％戊二醛溶液中，加盖。一般细菌繁殖体污染浸泡 10 分钟，病毒污染浸泡 30 分钟，取出

后用灭菌馏水冲洗干净并擦干。也可用 2% 的戊二醛溶液擦拭细菌繁殖体污染的表面，消毒作用 10 分钟，病毒污染表面，消毒作用 30 分钟。2% 酸性戊二醛对金属有腐蚀性，2% 中性戊二醛对手术刀片等碳钢制品有腐蚀性，使用前应先加入 0.5% 亚硝酸钠防锈。戊二醛杀菌效果受 pH 影响大，用酸性或强化酸性戊二醛浸泡医疗器械时，应先用 0.3% 碳酸氢钠调 pH7.5～8.8。pH 超过 9.0，戊二醛迅速聚合则失去杀菌能力。2% 碱性戊二醛室温只可保存 2 周，其余剂型可保存 4 周。

（2）季铵类消毒药　对黏膜无刺激性，对体表腐蚀性低，安全、温和，能杀灭体表的微生物，市场上分为单链季铵和双链季铵两种。单链季铵盐属阳离子表面活性剂，在消毒杀菌对象是有机体时会降低杀菌力；双链季铵盐在阴阳离子部位均有杀菌能力，具有单链季铵的一系列优点，而且杀菌力也较强，常用于活体消毒、饮水、用具、料槽、手臂等黏膜的消毒。主要有新洁尔灭、百毒杀等。

①新洁尔灭　单链季铵盐，一般为 5% 浓度瓶装，常用于养鸭用具和种蛋的消毒，浸泡器械时应加入 0.5% 亚硝酸钠，以防生锈，0.05%～0.1% 水溶液用于洗手消毒，0.1% 水溶液用于蛋壳的喷雾消毒和种蛋的浸泡消毒。

②百毒杀　双链季铵盐，按 1∶600 倍的比例用于平时预防性的喷雾消毒，1∶200 倍比例用于带鸭喷雾消毒，1∶2 000 用于冲洗管线、1∶2 000～4 000 用于改善水质和平日饮水消毒、1∶1 600 用于饮水控制疾病，1∶600 用于种蛋、农舍环境、器具消毒，1∶200 用于发生疫病感染消毒，1∶600 洗手盆消毒等。

（3）卤素类　其杀菌谱较广，对细菌的繁殖体、病毒、真菌、孢子和细菌芽孢都有杀灭作用，可用于对舍外的场地、车辆、周围环境、物品进行彻底的喷洒或浸泡消毒，也可以带畜饮水消毒，使用较方便。主要有常见的含卤消毒剂有漂白粉、次氯酸钠、氯胺和优氯净等。

①漂白粉（含氯石灰）　含氯化合物，为次氯酸钙和氢氧化钙的混合物，有效含氯量为 25%，灰白色粉末，有氯气臭味。鸭场内常用于饮水、污水池和下水道等处的消毒，饮水消毒常用量为每立方米水中加 4～8 克，污水池的消毒则为每立方米污水中加 8 克。

②次氯酸钠　含有效氯量为 14%，溶于水中产生次氯酸，有很强的杀菌作用，可用于鸭舍和各种器具的表面消毒，也可带鸭进行消毒常用浓度为 0.05%～0.2%。

③氯胺（氯亚明）　为结晶粉末，易溶于水，含有效氯 11% 以上，性质稳定，消毒作用缓慢而持久。饮水消毒按每立方米 4 克使用，圈舍及污染器具消毒时，则用 0.5%～5% 水溶液。

④二氯异氰尿酸钠（优氯净）　为白色粉末，有味，杀菌力强，较稳定，含有效氯 62%～64%，是一种有机氯消毒剂。用于空气（喷雾）、排泄物、分泌物的消毒，常用其 3% 的水溶液，若消毒饮水或清洁水按每立方米 4 克使用。

（4）酚类消毒剂　可杀死细菌的繁殖体，包括真菌、结核杆菌和一般的病毒及其他微生物等，常见的酚制剂有煤酚皂类的来苏儿、煤酚皂溶液、复合酚溶液。酚溶液具有除臭作用，特别是对舍内的特殊难闻的味道，有较好的干扰遮盖作用，是鸭场必选的消毒药。主要品种有苯酚、煤酚、复合酚等。

①苯酚（石炭酸）　对细菌、真菌和病毒有杀灭作用。对芽孢无作用，常用 2%～5% 水溶液消毒污物和鸭舍环境，加入 1% 食盐可增强消毒作用。

②煤酚（甲酚）　毒性较苯酚小，但其杀菌作用则较苯酚大 3 倍，可是仍难以杀灭芽孢，常用的是 50% 煤酚皂溶液（俗称来苏儿），1%～2% 溶液用于体表、手和器械的消毒，5%～6% 溶液用于鸭舍或污物的消毒。

③复合酚（菌毒敌、农乐）　含酚 41%～49%，醋酸 22%～26%，为深红褐色黏稠液体，有臭味。为新型广谱高效消毒药，

可杀灭细菌、真菌和病毒,对多种寄生虫卵也有杀灭作用,可用于鸭舍、用具、饲养场地和污物的消毒,常用浓度为 0.35% ~ 1% 溶液,用药一次,药效可维持 7 天。

(5) 氧化剂类消毒剂 可杀死部分细菌繁殖体、真菌和囊膜病毒,品种有高锰酸钾、过氧乙酸等。

①过氧乙酸 是广谱、速效、高效灭菌剂,市售商品为 15% ~ 20% 溶液,有效期为 6 个月,稀释液只能保存 3 ~ 7 天,所以,应现配现用 0.5% 溶液用于运输车辆、鸭笼、料槽(桶)、墙壁等的喷雾、洗刷或浸泡消毒,0.2% 的溶液擦手 1 ~ 2 分钟,再用清水洗净,0.2% ~ 0.4% 喷雾或浓度为 1 克/米³ 加热熏蒸消毒,关闭门窗密闭 20 ~ 30 分钟,使其较长时间悬浮于空气当中,对空气中的病原微生物起到杀灭作用,然后开窗通风 15 分钟后方可进入,以减少过氧乙酸给人体带来的刺激及不适感。缺点是不稳定、遇热易爆炸、易分解失效、有腐蚀性和刺激性。

②高锰酸钾 强氧化剂,性质稳定,使用方便,消毒效果良好。缺点是还原物质存在时消毒效果下降,日光会加速分解,故应避光保存。高锰酸钾常用作畜禽运输工具和畜禽舍内的消毒。常配成 0.01% 溶液用于鸭群饮水消毒。还可与甲醛合用于熏蒸消毒,如高锰酸钾-甲醛熏蒸法。

(6) 碱类消毒剂 杀菌作用强大,并能杀灭多种病原微生物,常用于鸭场场区及圈舍地面、污染设备(防腐)及各种物品以及含有病原体的排泄物、废弃物的消毒。品种有生石灰、氢氧化钠等。

①生石灰(主要成分氧化钙) 主要用于地面、粪池及污水沟等的消毒。一般用生石灰加 10 ~ 20 倍水制成石灰乳使用,或用生石灰 1 千克加水 350 毫升制成石灰粉撒布消毒。使用时应现配现用。

②氢氧化钠(苛性钠、火碱、烧碱) 用于消毒畜禽舍、饲槽、地面等。溶液加热后使用,消毒力和去污力都增强。2% 的

浓度能杀死大多数病原微生物，4％的浓度能在45分钟内杀死细菌的芽孢，但结核杆菌对苛性钠的抵抗力较强，10％苛性钠需要24小时才能杀死。常用2％～4％热溶液消毒禽舍墙壁、地面、饲养用具、车辆等。消毒后12小时用水冲洗干净。由于氢氧化钠对皮肤有强烈的腐蚀性，消毒时注意防护。

（7）酸类消毒剂　利用释放的H^+发挥作用，主要品种有醋酸、农福。

①醋酸　用于空气熏蒸消毒，按每立方米空间3～10毫升，加1～2倍水稀释，加热蒸发。可带畜、禽消毒，用时须密闭门和窗。市售酸醋可直接加热熏蒸。

②农福　低分子量的煤焦油酸混合物（39％～43％）、有机酸（18.5％～20.5％）和表面活性剂（23.5％～25.5％）组成的配方消毒剂，有效成分含量达81％～89％，各种成分之间具有100％的协同作用。对病毒、细菌、真菌、支原体等都有杀灭作用。常规喷雾消毒作1∶200稀释，每平方米使用稀释液300毫升；多孔表面物体或有疫情时，作1∶100稀释，每平方米使用稀释液300毫升；消毒池作1∶100稀释，至少每周更换一次。

82. **怎样判别肉鸭是否患病**？

可以通过观察鸭群的整体状态（鸭的营养状况、生长发育情况、体质的强弱等），鸭的精神状态、体态、姿态和运动行为，鸭的羽毛、皮肤、眼睛、口、鼻、粪便等有无异常，以及某些生理活动有无异常改变，同时还可以结合用手或其他简单的检查工具接触鸭的体表及鸭的某些器官，根据感觉有无异常来初步判断肉鸭是否患病，还可以通过剖检和实验室检查进一步诊断。

（1）鸭的营养状态和精神状态　营养供应充足的鸭群表现为生长发育基本一致，鸭群生长快，饲料报酬高。如果鸭群生长发育偏慢，则可能是饲料营养不全或者是饲养管理不当所致；如鸭群出现大小不一的现象，可能鸭群中有慢性疫病的流行。

健康鸭群的精神状态一般表现为行走有力、敏捷，食欲旺盛，翅膀收缩有力、紧贴躯体。而患病鸭表现精神不振、缩颈垂翅、离群、闭目呆立，羽毛蓬松，采食减少或停止；濒临死亡的病鸭表现为精神萎靡，体温下降，缩颈闭眼，蹲地伏卧，不能站立等。

鸭的羽毛状态是反映鸭健康状态的一个重要指标。健康鸭的羽毛紧凑、平整、光滑。当鸭患有慢性传染病、营养代谢性疾病和寄生虫病时，表现为羽毛蓬松、没有光泽、污秽等；羽毛稀少，常见于烟酸、叶酸等的缺乏症，也常见于维生素 D、泛酸的缺乏症；当鸭患有 B 族维生素缺乏症和饲料中的含硫氨基酸不平衡时常表现为羽毛松乱脱落；头颈部羽毛脱落见于泛酸缺乏症；羽毛断裂或脱落常见于鸭体外寄生虫病，如羽螨和羽毛虱等。

（2）鸭的运动状态　健康的鸭群行走有力，反应敏捷。当鸭患有急性传染病和寄生虫病时，鸭行走摇晃，步态不稳，如患有鸭瘟球虫病及严重的绦虫病、吸虫病等；当鸭患有佝偻病或软骨症及葡萄球菌关节炎时，表现为行走无力，行走间常呈蹲伏姿势，并有痛感。当鸭出现营养缺乏症时，表现为走路摇晃，出现不同程度的 O 形或者 X 形外观或运动失调倒向一侧，如缺乏胆碱、叶酸、生物素等；如果雏鸭缺乏维生素 E、维生素 D 和患有鸭传染性浆膜炎、雏鸭病毒性肝炎时，则表现出运动失调、跗关节着地等症状；当鸭缺乏维生素 B_1 时表现为两肢不能站立，仰头蹲伏呈观星姿态；当雏鸭缺乏维生素 B_2 和维生素 A 时常表现为两肢麻痹、瘫痪、不能站立。

当鸭群患有鸭瘟、雏鸭霉菌性脑炎、鸭李氏杆菌病、鸭传染性浆膜炎等病时，常出现扭颈、头颈震颤、角弓反张等神经症状。头颈麻痹可见于鸭肉毒梭菌毒素中毒。

（3）鸭群的呼吸状态　正常的鸭群呼吸几乎没有声音，并且叫声响亮，当鸭群患有鸭曲霉菌素病、鸭传染性浆膜炎、鸭李氏杆菌病、鸭链球菌病、大肠杆菌病和鸭流感等，临床上常表现为气喘、呼吸困难等。当鸭患有慢性鸭瘟、鸭流感、鸭结核病等疾病的晚期和某些寄生虫病（如鸭气管内的吸虫病）时，表现为叫声嘶哑、无力等症状。

（4）鸭的头部状态

①眼睛　健康鸭的眼睛饱满、湿润、反应灵活。当鸭眼球下陷，多见于某些传染病（如大肠杆菌、鸭副伤寒等）、寄生虫病（如鸭的吸虫病、绦虫病）等引起腹泻；眼结膜充血、潮红，流泪，眼睑水肿等症状，多见于鸭霍乱、鸭副伤寒、嗜眼吸虫病、鸭眼线虫病及维生素 A 缺乏症；眼结膜苍白常见于鸭绦虫病、慢性鸭瘟、棘口吸虫病等；虹膜下形成黄色干酪样小球，角膜中央溃疡，多见于曲霉菌性眼炎；角膜浑浊或形成溃疡，多见于慢性鸭瘟和嗜眼吸虫病；眼睛有黏性或脓性分泌物，多见于鸭瘟、鸭副伤寒、雏鸭病毒性肝炎、大肠杆菌眼炎及其他细菌或霉菌引起的眼结膜炎；眶下窦肿胀，内有黏液性分泌物或干酪样物质，多见于鸭流感和衣原体病；眼结膜有出血斑点，多见于鸭霍乱、鸭瘟等；角膜混浊，流泪，多见于鸭衣原体眼炎和维生素 A 缺乏症；部分病鸭眼眶上方长出一个绿豆到黄豆大小、质地稍硬的瘤状物，多见于鸭曲霉菌病。

②鼻腔　鸭鼻孔有浆液性或黏液性分泌物流出，主要是由鸭大肠杆菌、鸭霍乱、鸭流感、鸭传染性浆膜炎、支原体病、衣原体病等引起的；当鸭患有维生素 A 缺乏症时，常表现为鼻腔内有乳状或豆渣状物质。

③口腔　鸭口腔黏膜有黄色、干酪样伪膜或溃疡，有的甚至蔓延到口腔外部。嘴角形成黄白色伪膜，主要是鸭霉菌性口炎的临床症状；口腔流出水样混浊液，多见于鸭瘟、鸭东方杯叶吸虫病；口腔黏膜有白色针尖大小的结节或炎症，主要是由雏鸭维生素 A 缺乏，烟酸缺乏或由于鸭采食被蚜虫等寄生虫污染的青绿

饲料所引起的；当鸭表现为口腔流涎的症状，多是由于鸭农药中毒所致；口腔内有刺激性蒜气味，多见于有机磷农药所引起。

④喙 鸭喙颜色发紫，多是鸭霍乱、鸭维生素 E 缺乏症的症状；喙颜色变浅，多见于营养代谢性疾病（如维生素 E、硒缺乏等）和某些慢性寄生虫病（如鸭绦虫病、吸虫病）；喙变软，易扭曲，多见于雏鸭的钙、磷缺乏，维生素 D 缺乏或氟中毒。上喙扭转、短缩变形，可能是鸭光过敏症引起。

（5）鸭的肢体状态

①腿部 鸭关节肿胀、关节囊内有炎性渗出物，触摸时关节热，并有痛感，多见于鸭的葡萄球菌、大肠杆菌等引起的疾病，有时慢性鸭霍乱、鸭传染性浆膜炎等也有这种症状的出现；鸭蹼干燥或有炎症，多是由于 B 族维生素缺乏症及各种慢性腹泻的疾病所引起；蹼颜色变紫，多见于维生素 E 缺乏症、卵黄性腹膜炎；蹼趾爪蜷曲或麻痹，多是由于鸭的钙、磷代谢障碍和维生素 D 缺乏症；跗骨变软、易折断，多见于软骨病、佝偻病等。

②腹部 鸭腹围增大，多见于肉仔鸭腹水综合征、成年鸭的淀粉样病变、鸭的卵黄性腹膜炎；腹围缩小，多见于某些慢性传染病（如慢性鸭副伤寒、慢性鸭瘟）和寄生虫病（如鸭绦虫病等）。

③肛门和泄殖腔 鸭肛门周围有稀粪粘连，多是由于鸭的副伤寒、鸭瘟、鸭传染性浆膜炎、大肠杆菌病等引起的；鸭的肛门周围有炎症、坏死等症状多见于慢性泄殖腔炎等，如果泄殖腔炎严重则出现肛门外翻、泄殖腔脱垂等症状。

（6）鸭粪便的观察 鸭的粪便状态可以反映鸭的健康状态。当鸭群出现腹泻，可见于鸭副伤寒、鸭传染性浆膜炎、鸭绦虫病等；某些营养代谢病和中毒病如维生素 E 缺乏、有机磷农药中毒等也可引起鸭的腹泻。粪便稀薄、呈青绿色，可见于鸭传染性浆膜炎、鸭肉毒梭菌毒素中毒。鸭细小病毒病粪便为灰白色或淡绿色，并混合脓状物的稀粪。粪便稀薄呈灰白色并混有白色米粒样物质，可见于鸭的绦虫病；粪便稀薄并混有暗红色或深紫色血黏液，常见于鸭球虫病、鸭霍乱等。粪便呈血水样，常见于球虫病。

83. 如何有效预防肉鸭传染病？

肉鸭传染病的发生和流行是一个复杂的过程，受诸多因素影响。有效预防肉鸭传染病必须采取科学的综合防治措施，从肉鸭场舍设计建造、环境控制、饲养管理、免疫接种和卫生保健等各个环节上做好工作，坚决贯彻"养重于防、防重于治、防治结合"的方针，创造有利于肉鸭生长发育的良好环境，控制疫病的发生和流行。为有效预防肉鸭传染病，应采取如下几个方面的综合防治措施。

（1）鸭场选址和鸭舍设计建造应符合动物防疫条件　鸭场的选址、布局应符合动物防疫要求，生产区和生活区要区分开。禽舍的设计、建设符合动物防疫要求，采光、通风和污物污水排放要设施齐全，生产区清洁道和污染道分设。应设有病鸭隔离圈舍和病死鸭、污物污水的处理设施、设备，有专职的防疫技术人员。出入口设有隔离和消毒设施、设备。饲养、防疫、诊疗人员无人禽共患病。防疫制度健全。

（2）建立健康雏鸭群　选购健康鸭苗，有条件的鸭场可以做到自繁自养。育雏期间应有合理的温度，确保育出健壮的雏鸭。严格执行"全进全出"的饲养制度，彻底清扫、冲洗和消毒鸭舍，消灭传染源。防止成年鸭感染疫病康复后，可能携带的病原体成为疫病的传染源，传染给下一批雏鸭。

（3）加强饲养管理，严格卫生消毒制度　①供给充足、优质的全价配合饲料，不饲喂发霉变质的饲料；注重饮水卫生，必要时可以对鸭场的饮水进行消毒；控制鸭舍内适宜的温度和湿度，因为温度的忽冷忽热是引起疾病流行的直接原因，尤其在育雏阶段；勤换垫草，保证通风，以避免鸭舍内氨味激发呼吸道疾病。②日常消毒要把好入口关，即对外来车辆和人员要进行严格的消毒，防止携带入病原体；鸭舍及时清除粪便，保持休息场地干净、干燥并进行全场和带鸭消毒；喂料器及饮水器要经常清洗消毒。③做好灭鼠和灭蚊蝇工作；防止野鸟及其他家禽进入鸭场；及时清理病死鸭并进行无害化处理，防止病原扩散。④空舍消毒：鸭群整群出栏后，彻底清理舍内粪便、垫草等杂物后，舍内用季铵盐络合碘消毒剂、复合酚喷雾消毒，地面消毒也可以用 2%～4% 烧碱或者 10%～20% 的石灰乳喷洒，有条件的可以在上述消毒后进行一次福尔马林密闭熏蒸。

（4）科学免疫，合理用药

①制定科学的免疫程序，定期对肉鸭进行免疫接种，是控制肉鸭传染病发生的最有效、最经济的手段。免疫使用的疫苗应通过正常的渠道购进，并按照要求保存，否则影响疫苗的效果；注射疫苗时应严格按照使用说明，掌握好剂量；接种疫苗前几天和注射后几天内停用抗生素或抗病毒药，注射时尽量避免畜禽产生应激。用于接种疫苗的器具应进行严格的消毒，注苗后加强饲养管理，以便使机体产生坚强的抗体。

②合理用药：在对疾病做出正确诊断的前提下，选择对病原体有高度敏感性的药物进行防治。目前很多菌株对药物产生一定的耐药性，应根据实际情况进行药敏试验，选用敏感药物进行治疗；为防止细菌产生耐药性，整个生长周期要进行轮换和穿梭用药；药物剂量及使用方法应按照药物使用说明书进行，不能随意加大或减少用量、擅自延长或缩短用药时间。

（5）疫病扑灭，清除病原。对发生疫病的鸭群按照以下步骤进行疫病的扑灭。

①隔离　发病鸭群中，对表现症状的鸭进行单独饲养。

②诊断　根据流行病学资料、临床症状、病理剖检来进行初步诊断，确诊必须进行实验室诊断；对于传染性强、危害严重的

传染病要及时上报。

③消毒　鸭舍、场地用具及鸭群进行紧急消毒；患病鸭及其尸体进行深埋、焚烧等无害化处理；粪便、垫料发酵处理。

④治疗　对一般传染病选用敏感药物进行治疗；对一些传播迅速的传染病要进行疫苗的紧急免疫接种；对烈性传染病应按照《中华人民共和国动物防疫法》的要求及时上报，以便及时封锁疫区，扑杀患病动物，彻底消毒。

84. 怎样制定合理的肉鸭免疫程序？

免疫接种是采用人工方法将免疫原（疫苗）或免疫效应物质（高免血清）等输入到肉鸭体内，激发肉鸭体内免疫系统对相应病原体产生特异性抵抗力，使肉鸭获得防治某种传染病的特异能力，从而达到有效保护个体、群体、预防和控制传染病的目的。在预防传染病的各项措施中，免疫接种往往是最经济、最有效、最方便的手段。

制定合理免疫程序应该依据当地肉鸭疫病流行情况（制定免疫程序的第一依据，当地流行的重大疫病应该是免疫的重中之重）、雏鸭母源抗体状况（母源抗体水平是确定首免时间的主要依据，了解雏鸭的母源抗体的水平、抗体的整齐度和抗体的半衰期及母源抗体对疫苗不同接种途径的干扰，有助于确定首免时间）、肉鸭品种及生长发育特点与抗病能力、肉鸭饲养管理状况、免疫接种途径、免疫日龄与次数等，并需随时根据相应的具体情况加以适当调整，以获得理想的免疫效果。

肉鸭免疫程序（推荐）：1日龄，鸭病毒性肝炎弱毒疫苗，20倍稀释后皮下或每只0.5毫升肌内注射；7～10日龄，H5N1亚型禽流感灭活苗，皮下或肌内注射；10日龄，鸭瘟弱毒疫苗，40倍稀释后每只0.2毫升肌内注射；25日龄，禽霍乱油乳剂灭活苗，皮下注射免疫。还可以根据当地疫病流行情况补接相应的疫苗。

85. 接种疫苗应注意哪些问题？

免疫接种疫苗是防控肉鸭传染病的最有效和最经济的手段，受到诸多因素的影响，降低甚至导致免疫失败。接种疫苗时应注意以下几方面：

（1）正确选择疫苗。应选用国家批准的正规生物制品厂生产的疫苗。不选用无产品批准文号、无生产经营许可证、无常规疫苗保存设备的生产企业生产销售的、无生产日期的、瓶塞破损的疫苗；也不从无生物制品销售许可证的商家购买疫苗。

（2）科学制定免疫程序，严格按照免疫程序进行免疫接种。

（3）在使用疫苗前，应仔细阅读疫苗使用说明书，明确疫苗的生产日期、失效日期、体积容量、稀释液、稀释度、每只接种剂量、接种方法、储运条件和方法。使用疫苗后，器械应严格消毒，所有包装及剩余疫苗要集中焚烧或深埋。

（4）严格按照产品说明书或标签标定的、生产厂商推荐的剂量使用疫苗。正确稀释疫苗，稀释疫苗和接种疫苗的器械不应与消毒药品接触。

（5）不健康的肉鸭不应接种疫苗。只有在鸭群处于健康状况下接种疫苗，才能获得良好的免疫效果。

（6）建议肉用种鸭在开产前 1～2 周内接种完各种疫苗，既能够提高种蛋中卵黄抗体水平，又能够避免在产蛋高峰期接种疫苗出现应激。在产蛋高峰期接种疫苗，会因为应激能够引起种鸭产蛋率迅速下降，并难以恢复到接种疫苗前的产蛋水平。

（7）种鸭在转群或并群时不宜接种疫苗。因为转群能引起鸭群产生较强烈的应激反应，这种应激反应能降低或抑制鸭的免疫应答反应，导致免疫失败。

（8）注意疫苗混合使用禁忌。不能混合使用的疫苗决不要私自混用，混用疫苗可能出现干扰现象，导致免疫失败。

（9）在夏季高温季节接种疫苗时，应将疫苗放在低温处，并迅速接种，避免长时间将疫苗暴露在高温环境中，造成疫苗失效。

（10）接种疫苗的前后1周，应停止使用抗菌药和对病毒有抑杀作用的药物，以免影响疫苗发挥作用；接种后注意观察，发现不良反应，及时处理。

86. 肉鸭发生传染病或重大疫情时应采取什么应急措施？

如果发现肉鸭群患有普通传染病，首先应该隔离，然后进行诊断，并根据具体的传染病进行针对性治疗，同时做好周围环境及其他肉鸭群体的消毒、卫生防疫和紧急免疫接种等工作。如果发现鸭群发生传染性极强的重大疫病（如高致病性禽流感等），则应立即上报国家主管部门，严格按照《中华人民共和国动物防疫法》和《重大动物疫情应急条例》规定的重大疫情疫病处理程序和措施进行处理。

确认发生重大疫情后，县级以上地方人民政府兽医主管部门应当按照不同动物疫病病种及其流行特点和危害程度立即划定疫点、疫区和受威胁区，具体划定标准由国务院兽医主管部门制定。有关人民政府应采取相应的应急控制措施。在重大动物疫情应急处理中，设置临时动物检疫消毒站以及采取隔离、扑杀、销毁、消毒、紧急免疫接种等控制、扑灭措施时，应由有关重大动物疫情应急指挥部决定，有关单位和个人必须服从。

87. 如何防控肉鸭发生高致病性禽流感？

高致病性禽流感（HPAI）是由A型流感病毒（AIV）的高致病力毒株引起的禽类急性、高度传染性疾病，发病急、传播快，致死率高，鸡、火鸡、珍珠鸡、鸭、鹅、鹌鹑等家禽以及野鸟、海鸟等均能感染，引起大量死亡，也能引起其他动物和人感染发病。该病呈世界性流行，被世界动物卫生组织（OIE）列为A类传染病，我国政府也将其列为一类动物疫病。

（1）流行特点　虽然肉鸭对高致病性禽流感病毒的易感性不如鸡高，但引起肉鸭感染和大批死亡的报道逐年增多。各品种和日龄的肉鸭对高致病性禽流感病毒均有一定的易感性，产蛋种鸭、育肥鸭、育成鸭、育雏鸭的易感性随日龄的增大而依次降低。雏鸭发病率与死亡率较高，成年鸭的发病率和死亡率较低，多为隐性感染或带毒，成为重要的宿主，并向外排出病毒，污染饲料、饮水及其他物体，可引起高致病性禽流感的暴发性流行。

高致病性禽流感一年四季均可发生，但多发于冬、春季节，尤其是每年的10月到第二年的4月多发。一般情况下夏季发病较少，多呈零星散发，鸭群症状也较轻。

呼吸道和消化道是主要的传染途径，高致病性禽流感主要经过病禽的分泌物或排泄物污染的饲养管理器具、设备、蛋盘、蛋筐、饲料、饮水、垫草、运输车辆等，均可成为病原传播媒介，通过接触而感染，即粪-口传播，或通过空气传播；患高致病性禽流感的种鸭群生产的种蛋也可能带毒，导致孵化的雏鸭感染发病；野鸟、候鸟、带毒鸭群和产品的流通也可以造成高致病性禽流感的传播。

（2）临床症状与病理变化　高致病性禽流感潜伏期短，从几小时到数天，由于鸭的品种、日龄、病毒株和外界环境条件的不同，临床症状存在很大差异。番鸭无论是雏番鸭、青（成）番鸭均其发病率均非常高，其次是家养雏野鸭、雏蛋鸭和肉鸭，而产蛋鸭主要表现为产蛋率大幅度下降。急性病例在发病初期一般无明显临床症状，表现为鸭群突然暴发，常无明显症状而死亡。病程稍长时，病鸭体温升高，精神高度沉郁，食欲废绝，羽毛松乱；有咳嗽、啰音和呼吸困难，甚至可闻尖叫声；眼睑水肿、发绀，或呈紫黑色，或见有坏死；眼结膜发炎，眼、鼻腔有较多浆液性或黏液性或黏脓性分泌物；下痢，排出白色或淡黄色稀便；产蛋鸭产蛋量明显下降，甚至停产；同时，可见软皮蛋、薄壳蛋、畸形蛋增多。有的病鸭可见神经症状，共济失调，不能走动和站立。病鸭迅速脱水、消瘦、衰弱，鸭群在发病 2～3 天后出现大批死亡。

急性死亡病鸭剖检发现头部水肿、发绀，心外膜出血，并有条纹状灰白色坏死点，胰腺充血出血，有大小不等的坏死灶，形成红褐色和灰白色相间的大理石状花纹；十二指肠、小肠呈卡他性炎症；肌胃与腺胃交界处的乳头及黏膜严重出血；盲肠扁桃体肿大及出血；产蛋鸭卵泡变形、出血，有的萎缩，腹腔内有新鲜破裂的卵泡，输卵管内有白色分泌物或干酪样物。

（3）诊断 如果发现鸭群出现疑似高致病性禽流感的临床症状等，则应当立即向所在地的县（市）动物防疫监督机构报告，由县（市）动物防疫监督机构赶赴现场调查核实，严格按照《中华人民共和国动物防疫法》和《重大动物疫情应急条例》规定的重大疫情疫病处理程序和措施进行处理。

（4）防控措施 防控鸭群高致病性禽流感必须采取综合性预防措施。

①肉鸭场应远离居民区、集贸市场、交通要道以及其他动物生产场所和相关设施等。

②严禁从疫区引进种蛋和种鸭，以及从场外购入禽类产品在场内食用。

③对运输车辆以及场区周围的环境，孵化厅、孵化器、鸭舍设备及用具，工作人员的衣帽和鞋等应进行严格的消毒。

④应采取"全进全出"的饲养模式，杜绝在肉鸭场饲养其他品种的家禽和其他动物。

⑤在养殖场中应专门设置供给工作人员出入的通道，对工作人员及其常规防护物品应进行彻底的清洗及消毒，禁止饲养人员

相互串栋、工具混用，严禁一切外来人员进入或参观养殖区，禽舍、饲料库门窗全部加装防鸟网；并在禽舍周围设置驱鸟设施防止鸟类靠近。

⑥加强对病死鸭及排泄物、污染物的无害化处理，对病死鸭只严禁宰杀、销售、食用、饲喂动物，必须进行焚烧、深埋等无害化处理，对粪便进行密封堆积发酵处理，防止疫病的扩散和传播。

⑦在受到高致病性禽流感威胁的地区应在当地兽医卫生管理部门的指导下进行疫苗的免疫接种，定期进行血清学监测，对抗体不合格的及时补免，以保证疫苗的免疫预防效果确实可靠。

88. 如何防治小鸭病毒性肝炎病？

小鸭病毒性肝炎病是由鸭肝炎病毒引起雏鸭的一种传播迅速和高度致死性的传染病。主要特征为肝脏肿大，有出血斑点和神经症状。在新疫区，本病的死亡率可高达 90％以上。

（1）流行特点　不同品种、性别的鸭均可感染，但主要发生于 4～20 日龄雏鸭，成年鸭具有抵抗力，但可以感染带毒，鸡、鹅不能自然发病。病鸭和带毒鸭是主要传染源，健康鸭通过接触被患鸭和带毒鸭污染的饲料、水、垫草、车辆等传染而流行发病，也可通过消化道和呼吸道感染。饲养管理不良，缺乏维生素和矿物质，鸭舍潮湿、拥挤，均可促使本病发生。本病一年四季均可发生，但主要发生于孵化雏鸭的季节，一旦发生，在雏鸭群中传播很快，发病率可达 100％，死亡率依雏鸭日龄不同存在较大差别，1 周龄内的雏鸭死亡率高达 95％以上，1～3 周龄雏鸭死亡率低于 60％，4～5 周龄的雏鸭死亡率更低。

（2）临床症状与病理变化　本病潜伏期 1～4 天，表现突然发病，病程短促。病初精神萎靡，食欲欠佳或废食，行动呆滞，畏寒，缩颈，翅下垂，眼半闭呈昏睡状态，有的出现腹泻，排黄绿色稀粪。不久，病鸭出现神经症状，不安，双脚疲软无力，行走不稳，身体倒向一侧，两脚发生痉挛，数小时后死亡。死前头向后弯，呈现明显的角弓反张姿势（俗称"背脖病"）。

剖析可见特征性病变在肝脏。可见肝脏明显肿大，颜色变淡，似脂肪变性，表面有许多针尖大至黄豆粒大出血点和出血斑，严重的整个肝脏出血，呈黄红色的花斑状，肝脏质脆，手捏易碎。胆囊肿大，充满胆汁。脾脏有时肿大，外观也类似肝脏的花斑。多数肾脏充血、肿胀。心肌如煮熟状，有些病例呈现心包炎、气囊中有微黄色渗出液和纤维素絮片。

（3）诊断　根据 20 日龄、特别是 1 周龄内的雏鸭群发病急、传播快、病程短、发病率与死亡率高，出现典型的神经症状（背脖病），肝脏严重出血等特征，初步判断为本病。

（4）防治措施

①对雏鸭采取严格的隔离饲养，尤其是 5 周龄以内的雏鸭，应供给适量的维生素和矿物质，严禁饮用野生水禽栖息的露天水池的水。

②孵化、育雏、育成、育肥均应严格分区饲养，饲管用具要定期清洗、消毒。

③流行初期或孵坊被污染后出壳的雏鸭，立即注射高免血清（或卵黄）或康复鸭的血清，每只 0.3～0.5 毫升，可以预防感染或减少病死。一旦暴发本病，立即隔离病鸭，并对鸭舍或水域进行彻底消毒。对发病雏鸭群用高免血清或蛋黄抗体注射治疗，同时注意控制继发感染。

④在收集种蛋前 2～4 周给种鸭肌内注射鸡胚弱毒疫苗，可以保护所产种蛋孵化的雏鸭不受感染，具体方法是给母鸭间隔 2 周胸肌内注射 2 次疫苗，每次 1 毫升，雏鸭出生后体内母源抗体可保持 2 周左右，足以保护雏鸭渡过最易感的危险期；没有母源抗体保护的雏鸭，在疫情不严重的鸭场，可在 1 日龄注射肝炎弱毒疫苗 0.5～1.0 毫升即可受保护；在疫情严重的鸭场，必须在

1 日龄注射鸭病毒性肝炎的卵黄抗体或高免血清 0.5～1.0 毫升，必要时于 8～12 日龄重复一次；如种鸭未曾注射过鸭肝炎疫苗，可以用弱毒疫苗免疫 1 日龄雏鸭，使小鸭获得主动免疫。

89. 如何预防鸭瘟的发生？

鸭瘟又名鸭病毒性肠炎，是由鸭瘟病毒引起鸭、鹅和其他雁形目禽类的一种急性、热性、败血性传染病。流行广泛，传播迅速，发病率和死亡率高。

（1）流行特点　在自然条件下，本病主要发生于鸭，对不同年龄、性别和品种的鸭都有易感性。其中以番鸭、麻鸭易感性较高，北京鸭次之，自然感染潜伏期通常为 2～4 天，30 日龄以内雏鸭较少发病。在人工感染时小鸭较大鸭易感，自然感染则多见于大鸭，尤其是产蛋的母鸭。

鸭瘟病毒可通过病禽与易感禽的接触而直接传染，也可通过与污染环境的接触而间接传染。被污染的水源、鸭舍、用具、饲料、饮水是本病的主要传染媒介。某些野生水禽感染病毒后可成为传播本病的自然疫源和媒介、节肢动物（如吸血昆虫）因本病为病毒血症也可能是本病的传染媒介。调运病鸭可造成疫情扩散。

本病一年四季均可发生，但以春、秋季流行较为严重。当鸭瘟传入易感鸭群后，一般 3～7 天开始出现零星病鸭，再经 3～5 天陆续出现大批病鸭，疾病进入流行发展期和流行盛期。鸭群整个流行过程一般为 2～6 周。如果鸭群中有免疫鸭或耐过鸭时，可延至 2～3 个月或更长。

（2）临床症状与病理变化　自然感染的潜伏期 3～7 天。病初体温升高达 43℃ 以上，高热稽留。病鸭表现精神委顿，头颈缩起，羽毛松乱，翅膀下垂，两脚麻痹无力，伏坐地上不愿移动，强行驱赶时常以双翅扑地行走，走几步即行倒地，病鸭不愿下水，驱赶入水后也很快挣扎回岸。病鸭食欲明显下降，甚至停食，渴欲增加。两眼流泪和眼睑水肿。病初流出浆液性分泌物，使眼睑周围羽毛沾湿，而后变成黏稠或脓样，常造成眼睑粘连、水肿，甚至外翻，眼结膜充血或小点出血，甚至形成小溃疡。病鸭鼻中流出稀薄或黏稠的分泌物，呼吸困难，并发生鼻塞音，叫声嘶哑，部分鸭见有咳嗽。部分病鸭在疾病明显时期，可见头和胫部发生不同程度的肿胀，触之有波动感，俗称"大头瘟"。病鸭发生泻痢，排出绿色或灰白色稀粪，肛门周围的羽毛被玷污或结块。肛门肿胀，严重者外翻，翻开肛门可见泄殖腔充血、水肿、有出血点，严重病鸭的黏膜表面覆盖一层伪膜，不易剥离，强行剥离后留下溃疡灶。

剖检可见一般败血病的病理变化，皮肤黏膜和浆膜出血，头颈皮下胶样浸润，口腔黏膜，特别是舌根、咽部和上腭黏膜表面有淡黄色的伪膜覆盖，刮落后露出鲜红色出血性溃疡。最典型的是食道黏膜纵行固膜条斑和小出血点，肠黏膜出血、充血，以十二指肠和直肠最为严重；泄殖腔黏膜坏死，结痂；产蛋鸭卵泡增大、发生充血和出血；肝不肿大，但有小点出血和坏死；胆囊肿大，充满浓稠墨绿色胆汁；有些病例脾有坏死点，肾肿大、有小点出血；胸、腹腔的黏膜均有黄色胶样浸润液。

（3）诊断　临床症状和病理变化进行综合分析，一般即可做出诊断。必要时进行病毒分离鉴定和中和试验加以确诊。

（4）防治措施　目前，该病的防治主要依靠疫苗。肉鸭可在1～7日龄时用鸭瘟疫苗半倍量皮下注射免疫1次，其免疫力可延续至上市。对种肉鸭，每年春、秋两季各进行1次免疫接种，每只肌内注射1毫升鸭瘟弱毒疫苗或0.5毫升鸭瘟高免血清。坚持一支针头只注射一只鸭，以免注射时交互传染。威胁区的鸭实施紧急接种疫苗。凡是已经出现明显症状的病鸭，不再注射疫苗，应立即淘汰。

在引种时，注意不从疫区引进种鸭和种蛋。严禁到鸭瘟流行区域和野水禽出没的水域放鸭。发现本病时，按《中华人民共和国动物防疫法》规定，采取严格控制、扑灭措施、防止扩散。扑杀并无害化处理病鸭和同群鸭。鸡舍、场地、用具严格消毒，粪便堆积发酵处理，搞好清洁卫生。

90. 如何防治肉鸭大肠杆菌病？

肉鸭大肠杆菌病是由病原性大肠杆菌或条件性致病大肠杆菌在鸭免疫力降低时引起，常出现雏鸭脐炎和败血症，也称鸭大肠杆菌败血症。本病流行广泛，传播迅速，发病率和死亡率较高，是目前危害我国养鸭业最严重的疾病之一。

（1）流行特点　本病一年四季均可发生，秋末、春初多发。各品种和年龄的肉鸭均易感染，尤其以 2～6 周龄雏鸭多，发病率可达 30%～60%，病死率可高达 100%，成年鸭和种鸭主要为零星死亡。本病常通过消化道、呼吸道、伤口、成年鸭生殖道及污染的种蛋传播。饲养密度大、鸭舍通风不良、卫生状况差、地面潮湿、天气寒冷、饲料质量不佳等均易引发本病，造成较大经济损失。

（2）临床症状与病理变化　新出壳的雏鸭常发生卵黄囊感染，病雏突然死亡或表现软弱、发抖、昏睡、腹胀、畏寒聚集、下痢（白色或黄绿色）等，个别有神经症状。病雏除有卵黄囊病变外，多数发生脐炎、心包炎及肠炎。病程较长的感染鸭常表现卵黄吸收不良及生长发育受阻。在孵化过程鸭胚感染大肠杆菌，特别是孵化后期，病变卵黄呈干酪样或黄棕色水样物质，卵黄膜增厚，出现大量死胚，孵化率极低。

较大的雏鸭患病后主要表现下痢，粪便稀薄、恶臭、带白色黏液或混有血丝、血块和气泡，一般呈黄绿色或灰白色。病初精神委顿、缩颈嗜睡、食欲减退或废绝，渴欲增加，眼鼻常附黏性分泌物，有的病鸭呼吸困难，腹部膨大，最后常因败血症或体质衰竭、脱水死亡。

患病母鸭常因发生大肠杆菌性输卵管炎和卵巢炎导致产蛋突然停止，少数病鸭出现卵黄性腹膜炎和肝脏轻度肿大而致腹围膨大下垂，呈企鹅状，触诊腹部有液体波动感，穿刺有腹水流出。

剖检变化主要以败血症为特征。患鸭肝脏肿大，呈青铜色或胆汁状的铜绿色。脾脏肿大，呈紫黑色斑纹状。卵巢出血，肺有瘀血或水肿。全身浆膜呈急性渗出性炎症，心包膜、肝被膜和气囊壁表面附有黄白色纤维素性渗出物。腹膜有渗出性炎症，腹水为淡黄色。有些病例卵黄破裂，腹腔内混有卵黄物质。肠道黏膜呈卡他性或坏死性炎症。有些雏鸭卵黄吸收不全，有脐炎等病理变化。

（3）诊断　根据流行病学、临床症状和病理剖检变化可做出初步诊断，有条件的需进行细菌学检查，分离鉴定病原菌进行确诊。

（4）防治措施　大肠杆菌病的发生是由于机体受各种外界不良因素影响，抵抗力下降所造成的。因此，预防本病应着重于消除不良因素，采取综合防治措施。

①改善饲养管理　保证日粮中各种营养成分平衡，避免饲喂腐败、发霉和发酵的饲料；饮用洁净水，必要时对饮用水进行消毒，水槽、料槽每天应清洗消毒；注意育雏期保温及饲养密度适当；改善通风，降低灰尘，勤于除粪堆积密封发酵或运走，减少氨气的含量；鸭舍、孵化器及用具经常清洁和消毒；种鸭场应及时收集种蛋，并妥善存放。平时可使用抗生素类药物进行预防，尽力防止寄生虫等病的发生。

②免疫接种疫苗　可以采用鸭传染性浆膜炎-大肠杆菌病二联灭活疫苗皮下接种，0.5毫升/只，效果较好。种鸭接种后可以获得4个月的免疫力，雏鸭在7～10日龄时接种，能够有效预防本病的发生。

③药物治疗

阿莫西林：按 0.2 克/升饮水。

氨苄青霉素：按 0.2 克/升饮水或按 5～10 毫克/千克拌料。

硫酸新霉素：按 35～70 毫克/升饮水，按 70～140 毫克/千克拌料。

庆大霉素：每千克体重 1 万单位，肌内注射，1 天 1 次，连用 3 天，或 2 万～4 万单位/升饮水，连用 3 天。

另外，中药禽菌灵、复方穿心莲对本病也有较好的疗效。

由于大肠杆菌易产生耐药性，所以，有条件的鸭场最好进行药敏试验，筛选敏感药物来治疗大肠杆菌病或者几种药交替使用。

91. 如何防治肉鸭巴氏杆菌病？

鸭巴氏杆菌病也称鸭霍乱，是由多杀性巴氏杆菌引起的鸭急性败血性传染病。其特征是发病急、死亡快、致死率高。该病广泛传播，给养鸭业造成重大经济损失。

（1）流行特点　本病一年四季均可发生，管理不善、通风不良、拥挤、天气骤变、多雨潮湿、饲料品质差、营养不良、饲料突变等因素容易诱发本病。各品种和年龄的肉鸭均易感染，以 30 日龄内的雏鸭发病率和死亡率最高。本病常通过消化道、呼吸道、伤口或吸血昆虫叮咬传播。

（2）临床症状与病理变化

①临床症状

A. 最急性型　发病初期，在鸭群无任何临床症状的情况下，突然死亡。

B. 急性型　病鸭表现为体温升高，精神沉郁，厌食或不食，渴欲增加，行动迟缓、步态蹒跚甚至两脚瘫痪、不能行走。病鸭呼吸困难，张口呼吸、口流黏液、气喘、摆头甩头、力图排出喉腔黏液，所以又叫"摇头瘟"，倒提鸭时，常从口鼻流出酸臭液体。病鸭剧烈腹泻，排出绿色水样稀粪。一般于发病后 1～3 天死亡。

C. 慢性型　病程稍长的病鸭，常见关节肿胀，跛行，行走困难。雏鸭常呈现为多发性关节炎，主要表现为一侧或两侧的跗关节以及肩关节发生肿胀、发热和疼痛。脚麻痹，起立和行走困难。雏鸭发育迟缓、瘦弱。

②剖检变化

A. 最急性型　病鸭常无特殊病变，有时仅能观察到心外膜有少许出血点。

B. 急性病例　病变有较强的特征。病鸭全身充血、出血，心外膜、心脏脂肪处、浆膜和黏膜上以及腹腔处出现斑状出血，肠道黏膜充血和出血，尤其以十二指肠和空肠弥漫性出血最为严重，盲肠扁桃体严重出血；肺充血、出血及炎性病变。产蛋鸭在腹腔内可见到卵黄，或在病死鸭的输卵管内见到几乎完全成形的蛋。肝脏稍肿大，质变脆，呈棕色或棕黄色，表面散布有许多针头大的灰白色坏死点。

C. 慢性病例以局部感染为主，呼吸道（如窦和肺）病变常见于在结膜囊内、眶下窦内可见到干酪样渗出物；肠道发炎，整个内脏器官和组织上可见多量斑状出血；雏鸭受感染的关节面粗糙，附着黄色干酪样物质或红色肉芽组织。关节囊增厚，腔内含有红色浆液或灰黄、浑浊的黏稠液体。

（3）诊断　根据临床症状和病理剖检变化可以初步诊断。实验室诊断取病死鸭的心血和肝脾，制成涂片和触片，进行瑞特氏或美蓝染色、镜检，见到大量两极浓染、两端钝圆短杆菌。

（4）防治措施

①预防　做好雏鸭的防寒保温工作，育雏室通风，干燥，勤换垫草，适宜的饲养密度，营养均衡，转群时全进全出，禽舍彻底消毒，平时对饲管用具、环境定期清洗消毒，同时避免应激因素的影响。

免疫接种禽霍乱油乳剂灭活苗，7～10 日龄肌内注射 2 毫升/只，25 日龄再注射 1 次，种鸭在 2 月龄注射 1 次，1 年 2 次，效果较好。

②治疗　氟苯尼考 5％注射液每千克体重 0.025～0.037 毫升，肌内注射，0.05 克/千克拌料；盐酸环丙沙星 2％注射液每千克体重 0.2～0.5 毫升，肌内注射，0.05 克/升饮水。

92.　如何防治肉鸭传染性浆膜炎？

鸭疫里默氏杆菌病也称鸭传染性浆膜炎，是由鸭疫里默氏杆菌引起鸭的一种接触传染病。主要侵害雏鸭、雏鹅等多种禽类，多发于 2～7 周龄的雏鸭和雏鹅，呈急性或慢性、败血症发病率和死亡率高。随着养鸭业的迅猛发展和禽产品贸易的扩大，鸭传染性浆膜炎的发病率逐年上升，且易发难治，已经成为制约养鸭业快速发展的重要疫病之一。

（1）流行特点　本病一年四季皆可发生，但以春冬季多发。不同品种鸭都有较高的易感性。主要侵害 2～7 周龄的雏鸭，尤以 2～3 周龄雏鸭易感性最高 1 周龄以下和 8 周龄以上极少发病。感染途径以呼吸道和皮肤外伤（特别是鸭脚掌皮肤擦伤或刺伤）感染发病。特别是恶劣的饲养环境，如育雏密度过大、空气不流通、潮湿、过冷过热、饲料中缺乏维生素或微量元素以及蛋白质水平过低等均易造成发病或发生并发症本病。本病发病率高达 90％，死亡率为 5％～75％，其高低取决于鸭的日龄、菌株毒力大小、饲养管理好坏及其他一些应激因素的影响，其差异很大。

（2）临床症状与病理变化　潜伏期的长短与菌株的毒力、感染途径以及应激等因素有关，一般为 1～3 天，有时长达 1 周左右。病程可分为最急性、急性、亚急性和慢性。很多鸭场以急性病例占多数，也有部分禽场则以亚急性和慢性为主。

最急性病鸭往往观察不到明显的临床症状，即突然死亡。急性病例多见于 2～3 周龄的雏鸭，表现为倦怠、缩颈、厌食、离群、打喷嚏，眼鼻分泌物增多，眼有浆液性、黏液性或脓性分泌物，常使眼眶周围的羽毛粘连，甚至脱落。鼻内流出浆液性或黏液性分泌物，分泌物凝结后堵塞鼻孔，使患禽表现呼吸困难，少数病例可见鼻窦明显扩张。部分患鸭濒死期神经症状明显，如头颈震颤、摇头或点头，呈角弓反张，抽搐等。

日龄稍大的幼禽（4～7 周龄）多呈亚急性或慢性经过，病程可达 1 周或以上。表现为精神沉郁、腿软弱无力、痉挛性点头或头左右摇摆，难以维持躯体平衡，部分病例头颈歪斜，当遇到惊扰时，呈转圈运动或倒退，不断鸣叫，病鸭能长期存活，但发育不良。

剖检病理变化的特征是浆膜出现广泛性的、多少不等的纤维素性渗出物（故有传染性浆膜炎之称），可发生于全身的浆膜面，心包膜、气囊、肝脏表面以及脑膜最为常见。

急性病例的心包液明显增多，其中可见数量不等的白色絮状的纤维素性渗出物，心包膜增厚，心包膜常可见一层灰白色或灰黄色的纤维素渗出物。

病程稍长的病例，肝脏表面覆盖着一层灰白色或灰黄色的纤维素性膜，厚薄不均，易剥离；肝肿大，质脆，呈土黄色或棕红色或鲜红色；气囊混浊增厚，有纤维素性渗出物附着，呈絮状或斑块状，颈、胸气囊最为明显；神经症的病例，可见脑膜充血、水肿、增厚。

有些慢性病例常出现单侧或两侧跗关节肿大，关节液增多，也可发生于胫跗关节，关节炎的发生率有时可达病鸭的 40%～50%。

（3）诊断　根据临床症状和剖检变化可作出初步诊断，但应与鸭大肠杆菌病、鸭巴氏杆菌病和鸭沙门氏杆菌病相区别。

（4）防治措施　首先应改善育雏的卫生条件，特别注意育雏舍的通风换气、干燥、防寒保暖、勤换垫料、定期消毒、营养均衡，实施"全进全出"的饲养管理制度。

药物防控：氟苯尼考 0.03～0.04 克/千克拌料。

接种疫苗：雏鸭在 7～10 日龄可以采用鸭传染性浆膜炎-大肠杆菌病二联灭活疫苗皮下接种，0.5 毫升/只，能够有效预防本病的发生。

药物治疗：氟苯尼考 5％注射液每千克体重 0.025～0.037 毫升，肌内注射，0.05 克/千克拌料；磺胺二甲基嘧啶 0.2％～0.25％饮水或拌料。

在用药时最好先做药敏试验，有针对性用药，并及时更换药物，以提高疗效。

93. 如何防治肉鸭慢性呼吸道病？

鸭慢性呼吸道病又称鸭窦炎，是由鸭支原体引起的一种传染性疾病。对雏鸭危害大，严重影响雏鸭的生长发育和肉品质。

（1）流行特点　各品种、各日龄肉鸭均易感染，多发于 2～3 周龄的雏鸭，发病率可高达 80％，但死亡率不高。病鸭和带菌鸭为本病的传染源，当空气被污染后，常经呼吸道传染，也可经污染的种蛋垂直传染。雏鸭孵出后即带菌，如遇育雏舍温度过低、空气浑浊、饲养密度过大及其他应激因素等，很易导致本病的发生。近年来，南方不少地区饲养的雏鸭均发生此病。

（2）临床症状与病理变化　病初可见病鸭一侧或两侧眶下窦部位肿胀，形成隆起的鼓包，触之有波动感；随着病程的发展，肿胀部位变硬，鼻腔发炎，从鼻孔内流出浆液或黏液性分泌物，病鸭常甩头；有些病鸭眼内积蓄浆液或黏液性分泌物，病程较长者，双眼失明；病鸭死亡较少，常能自愈，但生长发育缓慢，肉品质下降，产蛋鸭的产蛋率下降。

剖检病鸭可见喉头气管内有黏液，眶下窦内常见充满浆液或黏液性分泌物，窦腔黏膜充血增厚，有的蓄积多量坏死性干酪样物质；气囊壁浑浊、肿胀、增厚；结膜囊和鼻腔内有淡黄色黏性分泌物。

（3）诊断　根据临床症状和剖检变化可作出初步诊断。确诊时可取病变组织涂片染色检查，必要时可送样进行分离培养鉴定。

（4）防治措施

①加强舍饲期鸭群的饲养管理，做好舍内清洁卫生、防寒保温及通风换气工作，防止地面过度潮湿及饲养密度过大等。

②鸭场实行"全进全出"制度，空舍后用 5％氢氧化钠或1：100 的菌毒灭等严格消毒。

③及时淘汰病鸭或隔离育肥。

④药物防治

泰乐菌素：0.5 克/升混饮，连用 3～5 天。

恩诺沙星：0.025～0.075 克/升拌水混饮，连用 3～5 天。

氟苯尼考可溶性粉：0.1～0.2 克/升混饮，连用 3～5 天。

盐酸环丙沙星可溶性粉：0.5 克/升混饮，或每 1 克/千克混饲，连用 3～5 天。

94. 如何防治肉鸭曲霉菌菌病？

曲霉菌病是多种禽类均能感染的一种常见的霉菌病。鸭中以雏鸭最易感。病的特征是呼吸道发生曲霉菌性肺炎。病原主要是烟曲霉菌，此外，黑曲霉、黄曲霉等也有不同程度的病原性。

（1）流行特点　各种禽类均能感染，但以雏鸭较为常见，且发病多为群发性和急性经过，出壳后 2 天内的雏鸭最易感，5～7日龄时发病率达到高峰，死亡率可达 50％以上。成年鸭感染发病一般为散发，呈慢性经过，死亡率较低。病的暴发常因饲料或垫料发霉所致。在孵化过程中的胚蛋，亦可由霉菌的菌丝体穿透蛋壳,特别是进入气室内而使胚胎感染,孵出的雏鸭即出现病状。本病较多见于梅雨季节。

(2)临床症状与病理变化　急性病例多卧伏,拒食,对外界反应淡漠。病程稍长,可见呼吸困难,伸颈张口喘气;鼻腔流出较多黏液;有的眼睑粘连,眼睛失明,有的眼睑鼓凸,内含干酪样物;常排淡绿色稀粪,后期处于麻痹状态而死亡。

剖检可见肺部有粟粒至绿豆大的黄白色或灰白色结节,切开结节可见中心是均质的干酪样坏死组织,内含大量菌丝体;气囊有灰白色或淡绿色霉斑。

(3)诊断　根据发病规律、临床症状和剖检变化可作出初步诊断。确诊时可取病变结节涂片检查霉菌菌丝体或孢子,必要时可进行真菌培养鉴定。

(4)防治措施　排除感染源,不使用发霉的垫料或饲料,鸭舍保持干燥、通风、定期消毒。制霉菌素按每只雏鸭日用量 3~5 毫克拌料喂服,病重时可适当增加药量灌服,每日 2 次。连续2~3 天。以 1∶3000 的硫酸铜溶液或 0.5%~1%碘化钾液作为饮水,连续 3~5 天。

95. 如何防治肉鸭黄曲霉毒素中毒?

鸭黄曲霉毒素中毒是由黄曲霉毒素引起鸭的一种常见的霉菌性中毒性疾病。临床上以消化机能障碍,全身浆膜出血,肝脏器官受损以及出现神经症状为主要特征,呈急性、亚急性或慢性经过,幼鸭中毒后,常引起死亡,对养鸭业生产危害较大。

(1)流行特点　不同品种的鸭均易感,以雏鸭易感性高,特别是 7 日龄以内的雏鸭易感性更高。黄曲霉毒素主要是由黄曲霉、寄生曲霉等所产生。鸭饲喂受黄曲霉污染的花生、玉米、黄豆、棉籽等作物及其副产品,很容易引起中毒。

(2)临床症状与病理变化　雏鸭一般为急性中毒,表现为采食减少，生长缓慢、羽毛脱落、腹泻、步态不稳、鸣叫，常见跛行、腿部和脚蹼可出现紫色出血斑点，面部、眼睑和喙部苍白，两眼流泪，周围潮湿脱毛。死前常见有共济失调、抽搐、角弓反张等神经症状，死亡率可达100％。成年鸭通常呈亚急性或慢性经过，表现为精神委顿、食欲不振、腹泻、贫血、生长缓慢，病程较长的可见腹围增大。

剖检病死雏鸭可见胸部皮下和肌肉有出血斑点，肝脏肿大，色淡，有出血斑点或坏死灶，胆囊扩张，肾脏苍白，肿大或有点状出血，腺胃溃疡，脾脏、肾脏、胰腺有出血点。病死成年鸭剖检可见心包积液，腹腔常有腹水，肝脏颜色变黄，肝硬化、肝实质有坏死结节或有黄豆大小的增生物，严重者肝脏癌变。

（3）诊断　根据临床症状、剖检变化及饲料中出现霉变现象可作出初步诊断，必要时进行黄曲霉毒素的检测。

（4）防治措施　禁喂霉变饲料是预防本病的关键，同时应加强饲料贮存保管，注意保持通风干燥、防止潮湿霉变。

96. 如何防治肉鸭球虫病?

鸭球虫病是一种严重危害鸭的寄生虫病，其发病率为30％～90％，死亡率为29％～70％，耐受过的病鸭生长发育受阻，增重缓慢，饲料报酬降低，严重影响养鸭的经济效益，对养鸭业危害巨大。

（1）流行特点　本病的发生与气温和雨量密切相关，多在温暖潮湿季节流行。我国南方3～11月份为流行季节，其中3～5月份最严重。各品种的鸭均有易感性，各日龄的鸭均可以感染，但以雏鸭发病严重，死亡率高。当雏鸭在2～6周龄时，从网上饲养转到地面平养，接触粪便污染的饲料、饮水、地面、土壤或用具等迅速感染大量球虫卵囊，4～5天后常暴发球虫病。

鸭球虫中以毁灭泰泽球虫致病力最强，爆发性鸭球虫病多由毁灭泰泽球虫和菲莱氏温扬球虫混合感染所致，后者的致病力较弱。

（2）临床症状与病理变化　急性鸭球虫病多发生于 2～3 周龄的雏鸭，于感染后第 4 出现精神委顿，缩颈，不食，喜卧，渴欲增加等症状；病初腹泻，随后排暗红色或深紫色腥臭血便，发病当天或第二三天发生急性死亡，多数四五天前后死亡达到高峰，耐过的病鸭逐渐恢复食欲，死亡停止，但生长受阻，增重缓慢。慢性型一般不显症状，偶见有腹泻。成年鸭很少发病，但常常成为球虫的携带者和传染源。

毁灭泰泽球虫常引起严重的病变，整个小肠呈泛发性出血性肠炎，尤以卵黄蒂前后范围的病变严重。肠壁肿胀、出血；黏膜上有出血斑或密布针尖大小的出血点，有的见有红白相间的小点，有的黏膜上覆盖一层糠麸状或奶酪状黏液，或有淡红色或深红色胶冻状出血性黏液，但不形成肠芯。组织学病变为肠绒毛上皮细胞广泛崩解脱落，几乎为裂殖体和配子体所取代。宿主细胞核被压挤到一端或消失。肠绒毛固有层充血、出血，组织细胞大量增生，嗜酸性粒细胞浸润。感染后第 7 天肠道变化已不明显，趋于恢复。

菲莱氏温扬球虫致病性不强，眼观病变不明显，仅可见回肠后部和直肠黏膜轻度充血，偶尔在回肠后部黏膜上见有散在的出血点，直肠黏膜弥漫性充血。

（3）诊断　鸭的带虫现象极为普遍，所以不能仅根据粪便中有无卵囊作出诊断，应根据临诊症状、流行病学资料和病理剖检变化，结合病原检查综合判断。急性死亡病例可从病变部位刮取少量黏膜作成涂片，直接或者用姬氏或瑞氏液染色后镜检，见有大量裂殖体和裂殖子即可确诊。耐过病鸭或慢性感染病鸭可取其粪便，用漂浮集卵法收集虫卵镜检，见有大量卵囊即可确诊。

（4）防治措施

①预防　不同日龄肉鸭分群饲养，密度适宜，饮水洁净，饲

料新鲜，营养平衡，鸭舍保持清洁卫生，干燥通风，及时清除粪便，勤换垫料，定期消毒，合理药物预防。

②治疗

抗球灵（地克珠利）2毫克/升饮水，连用3～5天。

复方磺胺甲基异噁唑（复方新诺明）0.02％～0.04％拌料，连喂7天，停3天，再喂3天。

复方磺胺间六甲氧嘧啶0.02％～0.04％拌料，连喂5天，停3天，再喂5天。

克球粉0.05％拌料，连喂6～10天。

球痢灵0.0125％拌料。

鸭球虫易产生耐药性，几种抗球虫药应该交替或穿梭使用，可避免耐药现象出现。

97. 如何防治肉鸭维生素缺乏？

维生素是一系列有机化合物的统称，是正常鸭只生命活动必须具备的要素，此类物质绝大多数不能在体内合成，需要通过饲料等获得。维生素按性质可分为两类：其一为脂溶性维生素，如维生素A、维生素D、维生素E、维生素K等，它们能溶解在脂肪中，伴随脂肪进入鸭体内；其二为水溶性维生素，如维生素B族，它们能溶解在水里，伴随水分进入鸭体内。维生素不能像糖类、脂肪和蛋白质那样提供热量，但在新陈代谢过程中起着非常重要的作用。由于肉鸭生长发育快，维生素需要量相对较大，如果摄入不足，容易发生维生素缺乏病，轻者引起肉鸭代谢紊乱、生长缓慢、免疫力降低、容易继发其他疾病，重者致残，失去商品价值，甚至死亡。

（1）肉鸭维生素A缺乏症　在饲养肉鸭的过程中，肉鸭往往容易患以视觉和行动障碍为主要症状的代谢性疾病，这就是所谓的肉鸭维生素A缺乏症。多因饲料单一缺乏，或在饲料的加工、调制、贮存过程中操作不当易被破坏而失效（维生素 A 热稳定性差，如温度过高、遇酸碱、重金属、曝晒、酸败、发酵等失去生物活性），或日粮中脂肪含量不足影响吸收所致（维生素 A 是一种脂溶性维生素，必须有足量脂肪促进吸收）。

维生素 A 缺乏症以肉鸭多发，肉蛋兼用鸭次之，蛋用鸭少见。一般都在鸭 6～7 周龄时显现症状，但也有在 1 周龄出现症状的。

病雏鸭生长发育严重受阻，增重缓慢甚至停止。鼻孔流出黏稠的鼻液，常因干酪样物堵塞鼻腔而张口呼吸。病雏鸭精神倦怠，羽毛蓬乱，消瘦，衰弱，运动无力，行走蹒跚，出现两腿不能配合的步态，继而发生轻瘫甚至完全瘫痪；喙部和小腿部的黄色素退色变淡。

病鸭的典型症状是眼睛流出一种牛乳状的渗出物，上下眼睑被渗出物粘住，眼结膜浑浊不透明。病情严重时，病鸭的眼内蓄积大块白色的干酪样物质，眼角膜甚至发生软化和穿孔，最后造成病鸭失明。口腔、咽喉黏膜苍白，表面有白色突出的小脓包，有的融合成一片黄白色的假膜覆盖在黏膜表面。

防治措施：平时应注意饲料多样化，青饲料或禽用多维素必不可少。

根据季节和饲源情况，冬春季节以胡萝卜或胡萝卜缨为最佳，其次为豆科绿叶（如苜蓿、三叶草、紫云英、蚕豆苗等）。夏秋季节以野生水草为最佳，其次为绿色蔬菜、南瓜等。

一旦发现患维生素 A 缺乏症的病鸭，应尽快在日粮中添加富含维生素 A 的饲料，如在配合饲料中增加黄玉米的比例，青绿饲料饲喂不可间断。必须注意的是维生素 A 是一种脂溶性维生素，热稳定性差，在饲料的加工、调制、贮存过程中易被氧化而失效，应防止饲料酸败、发酵、产热。

外源性维生素 A 在体内能够被迅速吸收，人工补充外源性维生素 A 后，病鸭症状会很快消失。群体治疗肉鸭维生素 A 缺乏症时可采用肌内注射鱼肝油法，体重 250 克以上的幼鸭每次可肌内注射 1 毫升，也可采取在每千克精饲料中添加鱼肝油 20 毫升的方法治疗。

（2）肉鸭维生素 D 缺乏症　维生素 D 具有调节机体内钙、磷代谢作用，是畜禽的骨骼、硬喙和趾爪生长发育过程中所不可缺少的营养成分。鸭的维生素 D 缺乏症主要发生于雏鸭和产蛋鸭。多因日粮中维生素 D 供给不足或接受日光照射不足造成的。

病雏表现为生长发育显著不良或完全停止，羽毛生长不良，松乱而无光泽，两腿无力、步态不稳，常蹲伏在地上不愿走动，最后不能站立。喙和趾的质地变软，易弯曲变形，以致嘴壳变形弯曲，采食不便。骨骼变柔软、肿大，肋骨与肋软胃连接处显著肿大，形成圆形的结节，称为"肋骨串珠"或"佝偻珠"。长骨质地变脆，易骨折，荐椎和坐骨向下弯曲，胸骨变形，胸部正中内陷，使胸腔变小。有的病鸭还有下痢、消瘦等症状。产蛋种鸭所产砂壳蛋、产薄壳、软壳蛋、畸形蛋、蛋壳易破碎，甚至造成产蛋量下降或停止产蛋。多因饲料中维生素 D 添加量不足或长时间接受不到阳光照射。

防治措施如下：日粮中合理搭配钙、磷比例。让鸭群定时到运动场合理运动，使之有充足的"日光浴"。饲喂维生素 D 含量较丰富的饲料，必要时日粮中适量补充维生素 AD3 粉。

发现病鸭应立即每只可口服鱼肝油 2～3 滴，或口服维生素 AD3 丸一粒，也可在日粮中投入维生素 AD3 粉或每只一次喂 15 000 国际单位维生素 D_3，疗效较好。

（3）肉鸭维生素 E 缺乏症　肉鸭维生素 E 缺乏症多由如下原因引起：日粮中缺乏含维生素 E 的饲料或饲料保存、加工不当、维生素 E 被破坏，或含硫氨基酸缺乏时容易发生；球虫病及其他慢性胃、肠道疾病，可使维生素 E 的吸收利用率降低而导致缺乏；以我国陕西、甘肃、山西、四川、黑龙江等缺硒地区种植的玉米等为原料而按常规添加维生素 E 或硒；缺乏青饲料的冬末、春初季节。

维生素 E 缺乏症病初精神萎靡，食欲降低，采食量减少，逐渐消瘦，羽毛逆立，在临床上主要表现渗出性素质、脑软化和白肌病。

①脑软化症　以运动失调或全身麻痹为特征的神经功能失常。主要表现共济失调，头向后方或下方弯曲或向一侧扭曲，向前冲，两腿呈有节律的痉挛（急促地收缩与放松交替发生），但翅和腿并不完全麻痹。最后衰竭而死。剖检可见小脑柔软和肿胀，脑膜水肿，小脑表面出血，脑回展平，脑内可见一种呈现黄绿色混浊的坏死区。

②渗出性素质　主要表现为伴有毛细血管通透性异常的一种皮下组织水肿。轻者表现胸、腹皮下有黄豆大到蚕豆大的紫蓝色斑点；重者，雏鸭站立时两腿远远分开。可通过皮肤看到皮下积聚的蓝色液体。穿刺皮肤很容易见到一种淡蓝绿色的黏性液体（水肿液里含有血液成分所致）。有时突然死亡。剖检可见皮下有大量淡蓝绿色的黏性液体，心包内也积有大量液体。心冠脂肪有少量出血点，脾脏肿大，肾脏肿大有出血点。

③白肌病（肌营养不良）　当维生素 E 和含硫氨基酸同时缺乏时，可发生肌营养不良。表现全身衰弱，运动失调，无法站立。可造成大批死亡。剖检可见肌肉（尤其是胸肌）呈现灰白色条纹（肌肉凝固性坏死所致），肌胃和心肌产生严重的肌肉病变。

一般认为单一的维生素 E 缺乏时，以脑软化症为主；在维生素 E 和硒同时缺乏时，以渗出性素质为主；而在维生素 E、硒和含硫氨基酸同时缺乏时，以白肌病为主。雏鸭维生素 E 缺乏主要表现为白肌病，成年公鸭可因睾丸退化变性而生殖机能减退。母鸭所产的蛋受精率和孵化率降低；胚胎常于 4～7 日龄时开始死亡。

防治措施：注意饲料谷物的来源，一般在饲料中都应补充维生素 E 与硒。如果鸭群出现本病，则应迅速补充维生素 E 和硒。

雏禽脑软化症，每只鸡每日喂服维生素 E 5 国际单位，轻症者 1 次见效，连用 3～4 天，为一疗程，同时每千克日粮应添加 0.05～0.1 毫克的亚硒酸钠。

雏禽渗出性素质病及白肌病，每千克日粮添加维生素 E 20 国际单位或植物油 5 克，亚硒酸钠 0.2 毫克，蛋氨酸 2～3 克，连用 2～3 周。

成年鸭缺乏维生素 E 时，每千克日粮添加维生素 E 10～20 国际单位或植物油 5 克或大麦芽 30～50 克，连用 2～4 周，并酌喂青绿饲料。

（4）肉鸭维生素 B_1 缺乏症　又称多发性神经炎，是由于鸭饲料中维生素 B_1 含量不足而引起的疾病。各品种各日龄鸭均可发病，尤以雏鸭多发。多因饲料单一（如雏鸭只喂饲碎米等），饲料营养不均衡（如维生素 B_1 含量不足），饲料中含有较多硫胺素酶（水生动物如河蚌、鱼、虾等含量较高）、维生素 B_1 颉颃因子（棉籽饼、菜籽饼中含量较多）所致维生素 B_1 缺乏引起，种鸭产蛋期间维生素 B_1 不足也可使孵化出壳的新生雏鸭出现维生素 B_1 症。

发病初期雏鸭精神沉郁，行走缓慢，喜蹲伏，羽毛松乱，无光泽，食欲减退或废绝，有下痢。不久出现神经症状，脚软无力，行走或强迫行走时身体失去平衡，常跌撞几步后蹲下或跌倒于地，两脚朝天或侧卧，常将躯体"坐"在自己屈曲的双腿上，头颈弯向背部，呈特征性的"观星姿势"或角弓反张，有的头扭向一侧鸣叫，受惊时神经症状尤显强烈。后期脚麻痹瘫痪，最后挣扎抽搐而死。

防治措施：注意日粮配合，添加富含维生素 B_1 的糠麸、青绿饲料或添加维生素 B_1，控制采食水生动物性饲料的量。

某些药物（抗生素、磺胺药、球虫药如氨丙啉等）是维生素 B_1 的颉颃剂，不宜长期使用，并加大维生素 B_1 的用量。

病情较轻时在日粮中添加复合维生素 B_1，病情较重的病鸭，可喂服或肌内注射维生素 B_1，剂量为成鸭 5 毫克，雏鸭 1～3 毫克，每日 1 次，连用 3～5 日。

（5）肉鸭维生素 B_2 缺乏症　各品种各日龄鸭均可发病，尤以雏鸭敏感。多因饲料中的维生素 B_2 添加量不足、饲料贮存不当导致维生素 B_2 破坏、饲料单一缺少维生素 B_2 等原因引起。

临床表现为病鸭不愿走动、行走无力、摇晃、跛行、软弱、消瘦、贫血、羽毛蓬乱、绒毛稀少、腹泻，因腿部肌肉萎缩、趾爪麻痹导致趾爪向内蜷曲呈"握拳状"，为本病特征症状。病鸭不能站立，常无力伏地，强迫行走时，翅膀张开煽动，并用跗关节着地走动几步即停，严重者死前乱窜后倒地痉挛、抽搐而死。雏鸭生长发育缓慢、瘦弱，产蛋种鸭产蛋率及蛋的孵化率显著降低，胚胎死亡率增加，弱雏率高，有些种蛋孵出的幼雏体小、浮肿、趾爪蜷曲、绒毛稀少、卵黄吸收慢。

防治措施：日粮应富含维生素 B_2，或可多喂些青绿饲料，配合饲料应添加足量多维素，一般保持雏鸭每千克饲料中含有 3.6 毫克左右的维生素 B_2，育成期 1.8 毫克，种鸭 2.2～3.8 毫克。

病鸭群饲料中，每千克添加 20 毫克左右的维生素 B_2，连用一周。病重鸭可口服的维生素 B_2，雏鸭每只每天 2 毫克，成年鸭 5～6 毫克，连用一周。

（6）肉鸭烟酸缺乏症　烟酸缺乏导致病鸭生产性能下降，常因对烟酸的功能认识不足造成。鸭的烟酸需要量很高，约为鸡的 2 倍，但是在实际生产中，为图方便常有与鸡使用同一预混料或同一饲料的现象，也有人认为鸭比鸡粗放因而使用较差的预混料，致使饲料中的烟酸含量过少，不能满足肉鸭快速生长的需要。

临床发现病鸭食欲下降、消化紊乱、腹泻、生长缓慢、羽毛生长不良、胫跗关节肿大、胫骨短粗，偶尔也会出现鳞片状皮炎，并有屈腿内弯现象。

防治措施：选用肉鸭专用饲料，避免鸡鸭饲料混用。

配制饲料时保证饲料中有足量的烟酸，可以通过添加烟酸预混剂达到目的，添加量为 50 毫克/千克饲料。

98. 如何防治肉鸭啄羽症?

肉鸭啄羽是指肉鸭在养殖过程中，群体中一只或多只鸭自啄或啄击其他个体羽毛的不良行为。啄击部位多为背后部及羽翅尖部，常导致羽毛稀疏残缺，毛囊出血，甚至皮肤撕裂，羽毛被连根啄出后常被吃掉。啄羽行为的发生，使鸭群变得骚动、损伤、食欲减退。严重影响了鸭的正常生长。

(1) 啄羽原因

①环境条件差　如饲养密度过大，运动不足、过热、过湿，圈舍通风不良，氨气和二氧化碳浓度超过鸭群耐受程度，光照过度，光线明暗分布不均或光色不宜等。

②营养缺乏　饲料单一或日粮营养配比不合理，造成蛋白质含量不足或氨基酸缺乏，无机盐、维生素不足或因长期不补盐，饲喂时间不固定，时饱时饥等。另外，钴元素缺乏而造成的脱毛症也易诱发啄羽现象。

③饲养管理不当　鸭粪清除不及时，发酵产生毒素、氨气等有害物质，刺激鸭体表皮肤发痒，圈养羽毛脏乱、污秽也能造成自啄，转而互啄。

④蚊虫叮咬　夏日蚊子、苍蝇等吸血性害虫大量繁殖，并叮咬肉鸭，使其体表奇痒而引起啄癖。因鸭翅尖部的大毛刚好在 24 日龄左右开始生长，故此部位被啄最严重，造成出血，毛干受损等。

(2) 防治

①改善饲养环境　加强饲养管理疏散养殖密度，改善通风与光照强度。笼养设计高度应为 100～120 厘米，以便打扫。鸭舍

温度和湿度要适宜，满足不同日龄鸭所要求的温度，相对湿度保持在 60％～70％，通风良好，光线不太强，保持清洁卫生，地面干燥，人走进鸭舍感到不闷、不刺激鼻眼。

②初生雏鸭及时断喙　初生雏鸭 8～10 日龄断喙，用鸭电烙断喙器将雏鸭喙尖烧烙，即可彻底避免啄癖的发生。

③科学配制全价饲料　要投喂高品质的全价配合饲料，以提供合理足够的蛋白质、维生素、无机盐等，并定时饲喂。饲料原料要多样化，配方要科学合理，根据鸭生长日龄给予优质、全价日粮。因蛋白质钙磷不足，可添加 5％豆饼或 3％鱼粉、2％～4％骨粉或贝壳粉，因缺盐引起的可在饲料中添加 1％～2％食盐，连喂 2～3 天，因缺硫引起的可补硫酸锌或硫酸钙，每只每天 1～4 克，适当添加青绿饲料或增喂啄羽灵、羽毛粉，都能防止啄毛发生。在饮水中或饲料中适当加喂维生素 B_{12}，可预防脱羽症诱发的啄癖。

④减少光照强度　一般用 25 瓦灯泡照明，鸭能看到吃食和饮水就可以了。小鸭可用红光、橙黄光，大鸭用红色或白光，可使鸭群安群，啄毛就少。

⑤定期进行蚊蝇消杀　应注意用药浓度及使用方法，以免中毒。

⑥及时治疗　发生啄癖应及时分离施治，病伤处用高锰酸钾溶液洗涤或涂紫药水或红霉素软膏，待结痂痊愈后再合群，避免啄击行为进一步扩散。适当运动，在饲料中加入适量的天然石膏粉末，一般每只鸡每天 1～4 克，啄癖也会很快得到控制。

99.　如何防治鸭喹乙醇中毒?

喹乙醇（又称快育灵、快育诺）主要有促进鸭生长，同时又有抗菌和抑菌作用，目前多作为饲料添加剂，每 100 千克饲料添加 25～30 毫克，从开食一直用到上市前，具有抗菌助长、促进增重的作用。喹乙醇对禽霍乱、沙门氏菌、大肠杆菌及葡萄球菌等病还有治疗作用,治疗量以每日每千克体重 25～30 毫克拌料,每千克饲料 150～200 毫克拌料,连用 5 天。最多 7 天。必要时停药几天后再重复用药一个疗程。

往往因用药剂量过大、连续用药时间过长或药物在饲料中搅拌不均匀等原因可引起中毒。

临床表现为肉鸭个体大、采食量大的鸭先出现中毒,病鸭精神沉郁,食欲锐减或废绝,饮水增加,拉绿色或黑色稀粪,蹲伏少动,随中毒程度不同,1～3 天内发生死亡。死前有的拍翅挣扎,尖叫,死亡率最高可达 98%。

剖检病鸭可见口腔有黏液,肌胃角质层下有出血点,十二指肠有弥漫性出血,腺胃及肠黏膜糜烂呈糊状,泄殖腔严重出血。肝脏肿大、色暗红、质脆,切面糜烂多血。胆囊胀大,充满绿色胆汁。脾、肾肿大充血,质脆,切面糜烂多血。心脏表面常有出血点。

目前尚无特效解毒药,发病后立即停止食用原饲料,对中毒者可用 0.5%～1% 的百毒解饮水,连用 3～5 天。另外应加强护理,供给充足的饮水,争取减少死亡。平时使用本药品应严格控制剂量和连续用药时间。

100. 如何科学使用兽药?

科学、安全、高效地使用兽药,不仅能及时有效地预防和治疗鸭群疾病,减少浪费,降低成本,提高经济效益,而且对积极控制和减少药物残留、提高产品品质、提供健康安全的食品等具有重要意义。

(1) 合理选药 在鸭只疾病确诊后必须根据适应证选择作用强、临床疗效好、不良反应少的药物,并且根据病情轻重缓急选择适宜的剂型。对因治疗药能消除原发致病因子,彻底治愈疾病，同时，应根据具体情况进行对症用药，改善疾病症状，并选择适宜的剂型，以确保疗效。兽药可分为针剂、片剂、水溶剂、散粉剂及预混剂。其中针剂分为水针剂和粉针剂，生产成本相对较高、价格较贵，但通过注射给药，药效作用快、效果明显，用药期短；片剂、水溶剂、散剂及预混剂等生产成本相对较低，通过拌料、饮水等途径给药，使用方便，具有特定疗效，不足时药效作用发挥较慢，用药期较长，但应用广泛。

（2）适度剂量　剂量是决定药物效应的关键因素。使用药物时必须达到一定的剂量，才能发挥药物的疗效，在一定范围内，剂量越大，药物在体内的浓度越高，疗效也越好。但是如果超过一定的剂量范围，既造成浪费、增加成本，又会产生药物残留或出现不良反应，严重的发生中毒，甚至引起动物死亡。临床用药时，应按药品说明书规定的剂量应用。

（3）适宜给药　根据饲养规模、病情和药物性质选择适宜的给药途径。给药途径有肌内注射、皮下注射、口服（拌料、饮水）、呼吸道（雾化）等。一般情况下对于禽类，由于饲养数量多，在非紧急病情时，多选用散剂或水溶液剂以拌料或饮水或雾化途径给药，不仅方便省时，而且还可减少因大面积捕捉鸭只带来的应激反应，但是对于病情紧急的全身感染。

（4）足够疗程　对常规畜禽疾病来说，一个疗程一般为 3～5 天，如果用药时间过短，起不到彻底杀灭病菌的作用，甚至可能会给再次治疗带来困难；如果用药时间过长，可能会造成药物浪费和药物在组织中蓄积，引起中毒或产品中药物残留等严重现象。所以，在防治畜禽疾病时，要把握合理疗程。建议在病症消失后继续用药 1～2 天再停药，以巩固疗效，防止病情复发或反复发作。

（5）正确配伍　每种药物都有其特定的化学结构、物理化学性质和作用机理，两种或以上的药物配伍应用，可能出现药效增强、相加、减弱的现象，甚至产生中毒反应。所以，应了解常用药物的配伍禁忌，临床上几种药物联合应用时，应考虑药物相互之间的影响（配伍禁忌），利用药物配伍应用的药效增强和相加作用，减少不良反应，加快动物康复。

（6）注意不良反应　在给药过程中，应密切注意鸭群的反应，如果出现不良反应，甚至是中毒现象，应及时处理，如马上停药、解毒、换药等。并且按照相关规定要求，根据药物及其停药期的不同，在鸭出栏或屠宰前及时停药，可以避免产品中药物残留。

（7）用药记录　记录药品品种、剂型、剂量、给药途径、疗程或添加时间等，以备检查和溯源。

图书在版编目（CIP）数据

肉鸭健康养殖技术100问/江涛等编著．—北京：
中国农业出版社，2015.8（2017.3重印）
（新农村建设百问系列丛书）
ISBN 978-7-109-20846-9

Ⅰ.①肉…　Ⅱ.①江…　Ⅲ.①肉用鸭－饲养管理－问
题解答　Ⅳ.①S834-44

中国版本图书馆CIP数据核字（2015）第201018号

中国农业出版社出版
（北京市朝阳区麦子店街18号楼）
（邮政编码100125）
责任编辑　肖　邦

中国农业出版社印刷厂印刷　新华书店北京发行所发行
2015年8月第1版　2017年3月北京第3次印刷

开本：850mm×1168mm 1/32　印张：5.5
字数：130千字
定价：22.00元
（凡本版图书出现印刷、装订错误，请向出版社发行部调换）